米莱童书 著/绘

北京理工大学出版社
BEIJING INSTITUTE OF TECHNOLOGY PRESS

图书在版编目（CIP）数据

物理江湖：给孩子的物理通关秘籍 / 米莱童书著绘
. -- 北京：北京理工大学出版社，2022.7（2025.3重印）
ISBN 978-7-5763-1313-0

Ⅰ. ①物… Ⅱ. ①米… Ⅲ. ①物理学—儿童读物
Ⅳ. ① 04-49

中国版本图书馆 CIP 数据核字 (2022) 第 076498 号

出版发行 / 北京理工大学出版社有限责任公司
社　　址 / 北京市丰台区四合庄路 6 号
邮　　编 / 100070
电　　话 /（010）82563891（童书出版中心）
经　　销 / 全国各地新华书店
印　　刷 / 雅迪云印（天津）科技有限公司
开　　本 / 710 毫米 ×1000 毫米　1/16
印　　张 / 20
字　　数 / 500 千字
版　　次 / 2022 年 7 月第 1 版　2025 年 3 月第 16 次印刷
定　　价 / 200.00 元（共 5 册）

责任编辑 / 王玲玲
文案编辑 / 王玲玲
责任校对 / 刘亚男
责任印制 / 王美丽

序

大家都知道，一个苹果掉在了牛顿的头上，让牛顿发现了万有引力。可是你知道吗？早在战国时期，《墨子》中就提到“重之谓下，与重，奋也”，他发现万物都受到一个向下的力的作用，只有向上用力，才能对抗向下的力量。西方世界对物理学的研究和认识更成体系、更为深入，同时又有众多改变人类发展进程的厉害发明，这就让大家普遍认为，中国的物理学研究起步晚，较为落后，其实这样的理解是片面的。中国古人对声、光、力、热、电等的研究，在古籍中多有记载，并且多以工具的形式造福中华民族数千年，指导着人们的生活和劳作。中国人民的勤劳和智慧，不能说没有中国古人对物理学研究的功劳。

你手中的这套《物理江湖》，不仅把物理学的最基本的知识清楚明了地用漫画的形式讲述给你，而且故事的发生不是在实验室，不是在遥远的西方世界，是在中国，是在你熟悉的成语故事里，是在你每天背诵的古诗古文里，是在你听过的琵琶曲里，是在你看过的皮影戏里，是我们误以为对物理学的认知和研究都很落后的中国古代。这套书的编著者在中国古籍、古文中发现了中国古人对基础物理的研究成果和看待物理现象的不同视角，让读者对物理的理解更多元，更多发现它的现实价值。

声、光、力、热、电这五大主题，涵盖了物理学的基本知识体系，让你对物理的认识不停留于对概念的简单认知，而是它们的深层内涵和相互间的关系。你不仅能从中获得丰硕的物理学知识，丰富你的想象力，启发你的灵感和直觉，而且能提高你的类比和推理能力。此外，书中有层次、有体系的物理学知识，加上中国文化元素和你们喜欢的江湖剧情，以及便捷可得的有趣小实验，一定会让你爱上物理，更好地了解物理对我们生活和文化的影响。

中国工程院院士、著名物理学家

周立伟

于北京理工大学

电
声
力
光
热
传说，宇宙中有一颗神秘的星球，叫作“物理江湖”。江湖上住着一群知识渊博的侠客，他们奔波在宇宙的各个角落，游历古今、行侠仗义，用物理知识为人们排忧解难。
声学演武堂

我是声大侠，住在物理江湖的声学大陆上。我喜欢音乐，长了一对“顺风耳”，不管多小的声音，都逃不过我的耳朵。
为了让人们了解声音的奥秘，我带着一份“任务清单”来到了地球，我将按照清单上的指示，开启我的旅程……
声大侠
小唢呐
我是声大侠的助手，我将和声大侠一起为大家提供帮助！

声大侠的任务清单

沉默的琵琶
走了一天，连个人影都没碰到。好冷，好饿，好寂寞……

咦？那边好像有人在唱歌。

嗨！你们在唱歌吗？能不能让我凑个热闹呀？
你是谁？是不是敌军派来的奸细！

呃，我是……教书先生！是教书先生！

驻守国境的战士
既然不是坏人，就一起喝一杯吧！

没有琴弦是
不能弹出声的！

只有振动的物体才能发出声音！

对啊！看我把这个
琵琶吹出声来！

噗~
噗~
噗~

当我们向号角的吹口中吹气的时候，号角中的空气会
相互撞击，也会产生振动，所以才会发出声响。
空气

琵琶又没有吹孔，
怎么可能吹响呢！
我糊涂了……

你懂得这么多，能
帮我把琵琶修好吗？
当然！

作为一个声音大师，
琴弦这种东西我可是随身携带的。
腰带
嗖—
哇！
哇！
将军弹得真好！
再来一个！
给你。
谢谢！终于又能弹琵琶了！
江湖往事
我国的声学研究史，大部分都和音乐、乐器相关。先秦时期《考工记》中的『薄厚之所震动，清浊之所由出』，就说明了钟是通过振动发声的。到了唐代，人们就已经准确总结出了声音的来源，《乐书要录》中就曾指出『形动气彻，声由所出也』，正式得出了『物体运动或振动，引发了空气的振动，就是声音的来源』这一声学原理。

跳舞的盐

用橡皮筋把塑料薄膜绷在小瓷碗口上，把塑料膜整理平整，把一小勺盐粒均匀洒在塑料膜上。

把另一个碗的碗口朝下，倒扣在桌面上，两只碗靠在一起。

嘴靠近碗口，大声喊出“声大侠最厉害！”观察一下，塑料膜上的盐粒有什么变化？

用勺子敲击倒扣着的碗，塑料膜上的盐粒有什么变化？

大侠有话说
当你对着盐粒喊叫时，声音会产生看不见的波纹，这就是“声波”。
声波拥有能量，所以才能让盐粒跳动。
当你敲碗时，声波就顺着碗壁跑到了另一只碗上，让盐粒跳了起来。这就证明声波可以在固体中传播。
声波也可以在液体中传播。在河边钓鱼时，如果岸上声音太大，鱼会被吓跑。
我今天一定要钓到大鱼！
我才不让你钓到呢。
气体、固体、液体，都是可以传播声音的“介质”。

声音通过头骨振动传入听觉神经。

声学心法

1. 声音是由物体的振动产生的。
2. 声音以波纹状形态传播，这种波纹叫作声波。声波具有能量。
3. 声音可以通过气体、液体、固体传播。

美妙的乐声
瓦舍里好热闹啊！
我的天呐！什么声音这么难听！
嘶
嘶
太难听了！半个时辰内再拉不出曲子，就不要再来我的戏班了！
是一个孩子在拉胡琴？

呜呜……

别哭了。

你是戏班的学徒？
是的……班主、班主要赶我走了。

你的高音、低音都不准……确实不能演出啊。
他们……他们都欺负我年纪小，不好好教我。

音调和声音大小无关。
蚊子声音小，但是音调高；
牛的声音大，但是音调低。

音调山

我的音调高！

振动 快

我的音调低！

振动 慢

物体的振动有快有慢，所以音调也不一样。振动越快，音调就越高。

在物理学中，我们用“频率”来描述物体振动的快慢。频率的单位是“赫兹”（Hz）。二胡的声音是靠弦的振动发出的。在同一根弦上，弦绷得越紧，振动的频率就越快，音调就越高；弦越松，振动的频率就越慢，音调就越低。

音调还和很多因素有关。二胡弦的长短、粗细都会影响音调高低。长而粗的弦振动慢，音调低；短而细的弦振动快，音调高。

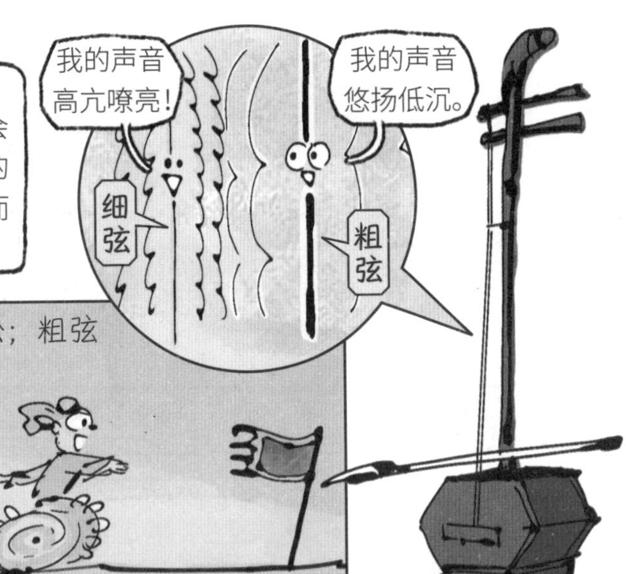
我的声音高亢嘹亮！
我的声音悠扬低沉。
细弦
粗弦

细弦就像一个苗条的人，跑起来轻松；粗弦就像一个胖乎乎的人，跑起来吃力。
其他物体也是一样的。巨大的编钟声音浑厚悠长。
小巧的铜锣声音高昂清脆。

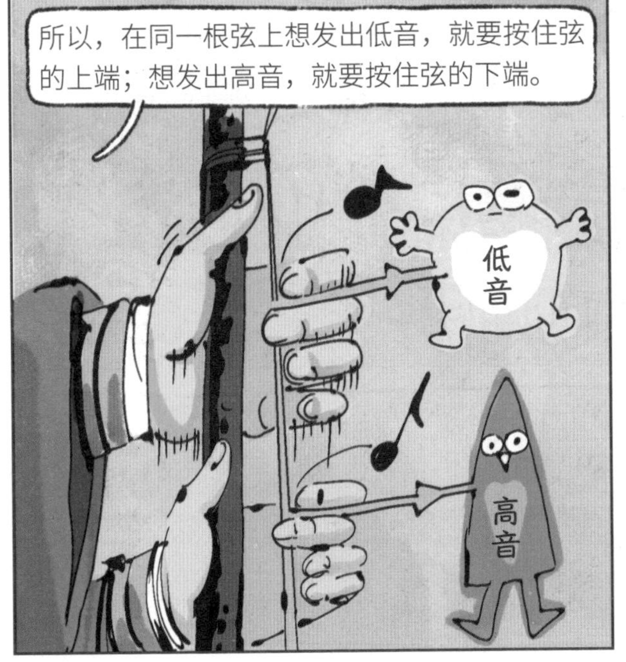
所以，在同一根弦上想发出低音，就要按住弦的上端；想发出高音，就要按住弦的下端。
低音
高音

对，就是这样。
哇！真的好听多了！

江湖往事

在乐理中，人们把音调的高低称为音阶。对于音阶的研究和利用，早在春秋时期就有记载。在《管子》的《地员》篇中，给出了弦乐器定调的具体操作方法：把一根琴弦加长三分之一或者减短三分之一，分割成不同的长度，就会产生音调不同的乐音。这种方法叫作『三分损益法』，与古希腊毕达哥拉斯发现的『五度相生法』完全一致，时间上却早了一百多年。

下面，请第一位大侠登场！把钢尺的一半紧按在桌面上，另一半悬空，把橡皮放在上面。用手向下按压橡皮，让钢尺把橡皮弹起来。

比比看，哪位大侠的橡皮飞得高？仔细听，钢尺每一次发出的声响有什么不同？

大侠有话说

另外，钢尺振动的声音非常响亮，橡皮掉在地上的声音却有些沉闷。这又是为什么呢？

钢琴的声音是这样的。

音乐家贝多芬的《悲怆奏鸣曲》中蕴含着汹涌起伏的感情。

音调、音色和响度是声音的三大特质。

音调

音色

响度

声学心法

1. 音调和物体振动的频率有关。
2. 响度和物体振动的幅度有关。
3. 音色和物体不同的材质、结构有关。

恐怖的『鬼声』

这座寺庙怎么
这么破啊……
一个人都没有吗？

请问这里有人吗？

嘎吱

鬼啊！离我远点！

什么鬼！我是人！

拜托，就算有鬼，也不能
中午出来吓人啊……

胡说，你一定是鬼！

咚

欸，午时的
钟声响了。

可是它每天中午都会自
己响，不是鬼是什么！
我要离开这里！

抓

你冷静点……这是
共振现象！

共振现象？
是什么意思？

当一个物体振动发声以后，如果不再对它施加外力，那么它就会进入自由振动状态。如果没有空气阻力，它会以固定的振动频率一直运动下去，这个振动频率叫作物体的固有频率。

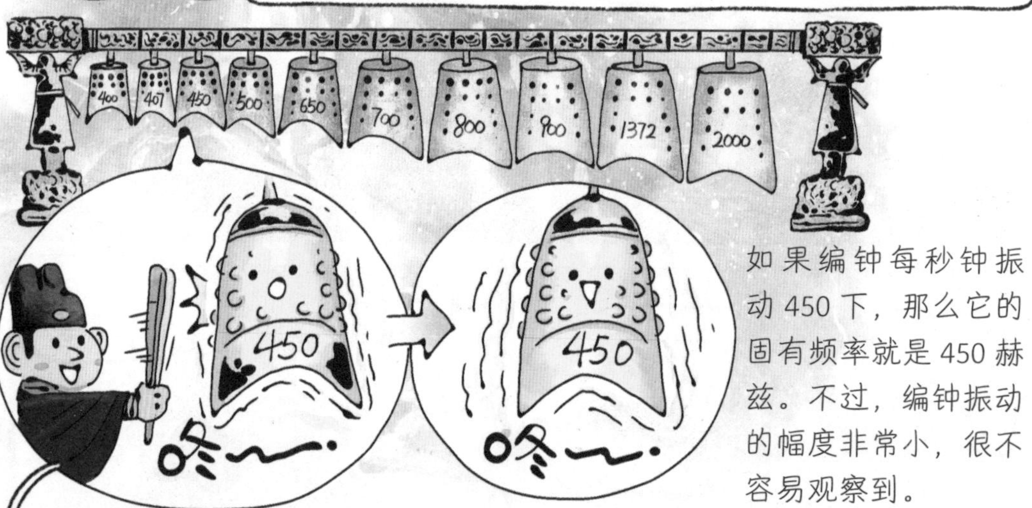

如果编钟每秒钟振动 450 下，那么它的固有频率就是 450 赫兹。不过，编钟振动的幅度非常小，很不容易观察到。

如果两个物体拥有相同的固有频率，敲响其中一个物体，另一个物体也会发出声响。

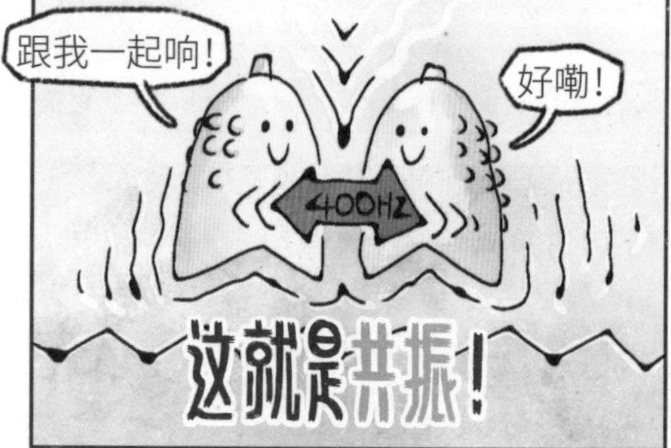

铜钟和磬就有相同的固有频率，所以每当报时的钟声响起，磬也会一起响。

江湖往事

中国古代有很多和物理有关的故事，这篇《恐怖的『鬼声』》就改编自《国史异纂》中『曹绍夔捉怪』一节。即使是在科技不发达的古代，人们也已经开始用物理知识来解释生活中发生的各种现象了，因此，中国古代物理学科的发展，和文学、艺术一样，拥有悠久的历史背景。

绝密“狮吼功”

你好！

找到一处空地，使用正常音量说出一句话。

声音有点小……

你很漂亮！

把 A4 纸卷成“纸喇叭”，再使用正常音量说一句话。

这次听清楚啦！

有没有觉得声音变大了？

用手扶住“纸喇叭”说话，手有什么感觉？

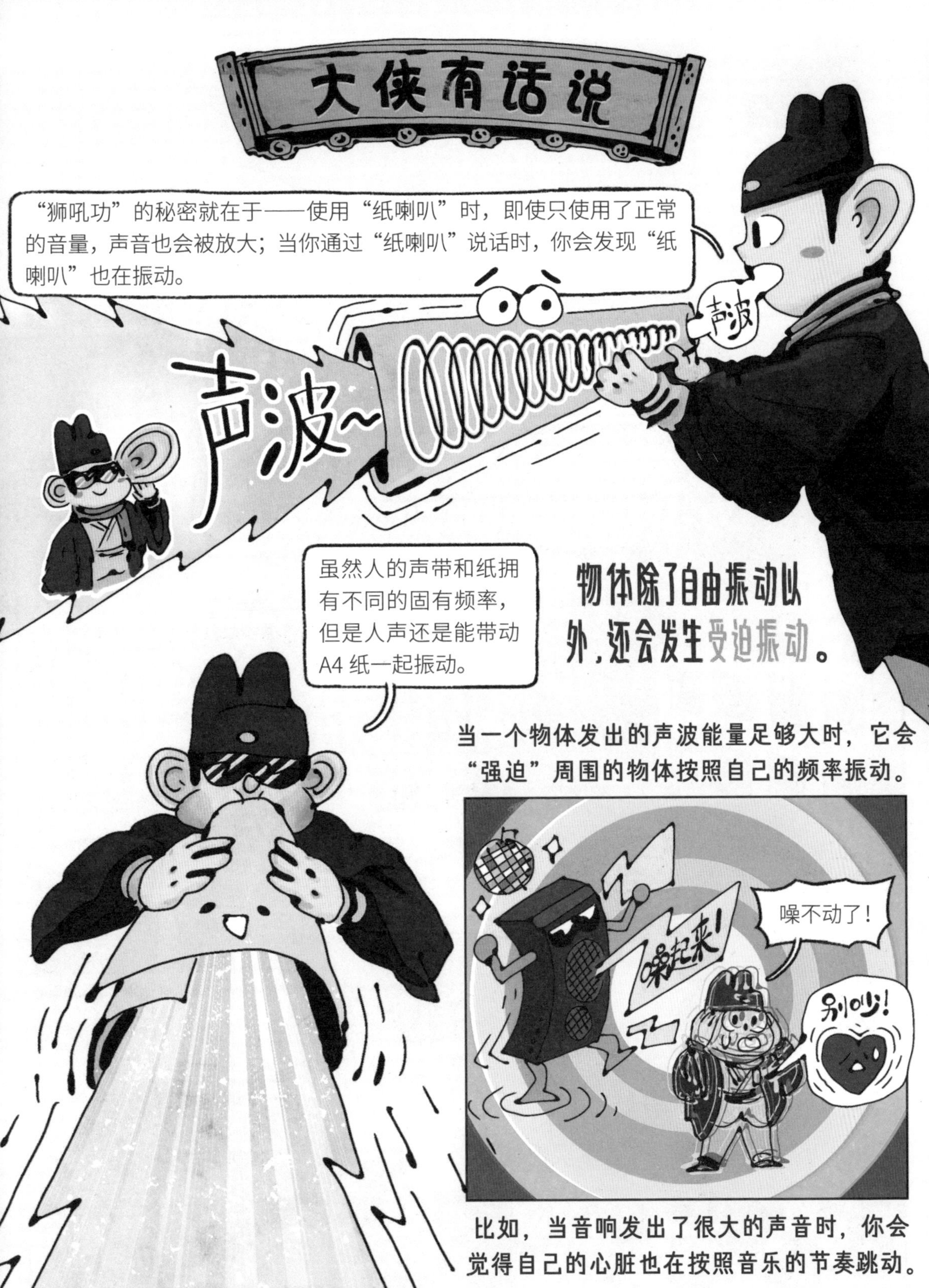
大侠有话说
“狮吼功”的秘密就在于——使用“纸喇叭”时，即使只使用了正常的音量，声音也会被放大；当你通过“纸喇叭”说话时，你会发现“纸喇叭”也在振动。
声波
声波~
虽然人的声带和纸拥有不同的固有频率，但是人声还是能带动A4 纸一起振动。
物体除了自由振动以外，还会发生受迫振动。
当一个物体发出的声波能量足够大时，它会“强迫”周围的物体按照自己的频率振动。
噪不动了！
嗨起来！
别吵！
比如，当音响发出了很大的声音时，你会觉得自己的心脏也在按照音乐的节奏跳动。

共振现象是我们生活的帮手。
中国古代的一些戏台，会在墙壁中嵌入大酒缸，通过共振放大演员和乐器的声音，让观众在远处也能听到。
嵌入墙壁的酒缸
二胡的共鸣箱
乐器的共鸣箱可以让乐声更加悠扬。
真好听啊！

声学心法

1. 每个物体都可以发生固有振动，拥有固有频率。
2. 物体会在外力影响下发生受迫振动。
3. 固有频率相同的物体会发生共振。
4. 共振可能会对人体造成危害。

『原路返回』的声音

山上有一个人，一直在学我说话！

还有人会做这种无聊的事？

不信你听！

我不是很想听……

！

你嗓门真够大的……
你是谁，出来！

你是谁，出来！
你听！就是
这个声音！

他还在挑衅我！我一定
要找到他！
别冲动！对面的只
是回声而已！

回声是谁？
这么嚣张吗？
回声不是一
个人……

声音在传播过程中，如果遇到了障碍物，就会被反射。回声就是声音反射现象的一种。

障碍物

你是谁！出来！

你是谁！出来！

反弹！

我们对着山崖喊话后听到的，其实是我们自己的声音，是在经过山崖的反射之后又原路返回到了我们身边，所以叫作“回声”。

想要产生回声，需要两个条件：第一是反射面要足够大，第二是声音和反射面之间的距离要合适。

反射面回声大赛

山峰

看我的厉害！

回声

我尽力了……

回声

院墙

如果反射面不够大，回声就得不到足够的能量，“飞”不到耳朵里。

江湖往事

回声现象并不只存在于大自然中。人们掌握了回声原理以后，还把它运用在了各类建筑里。比如修建于明朝的大佛寺（位于今重庆市）的石阶，就巧妙地利用了回声原理——人们每踏上一级石阶，两侧都会传来或低沉浑厚，或悠扬婉转的回声，犹如行走在琴弦之上，营造出了幽深寂静的氛围，这里也因此被称为『石磴琴声』，成为著名景点。

声学演武堂
实验篇
密
今天要举办一次秘密交换大会，想参加的人赶快跟我来吧！

谁“偷走”了秘密？

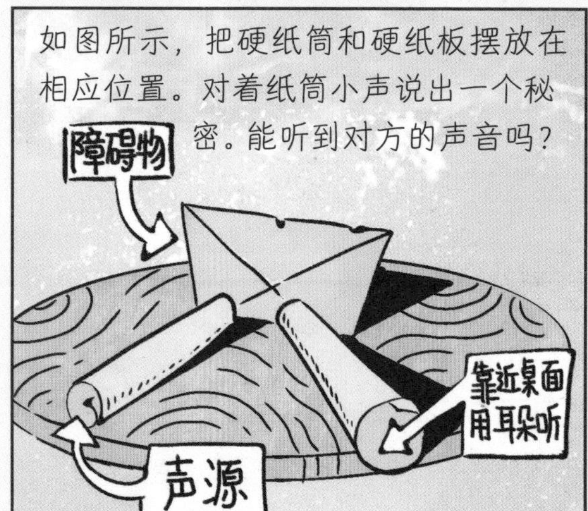
如图所示，把硬纸筒和硬纸板摆放在相应位置。对着纸筒小声说出一个秘密。能听到对方的声音吗？
障碍物
靠近桌面用耳朵听
声源

我把你的玩具弄坏啦！
!

把中间的硬纸板换成海绵，再对着纸筒说出一个秘密。还能听到对方的话吗？
?

大侠有话说
当纸筒中间放硬纸板时，传来的声音很清晰，但换成海绵后，声音就会变小，甚至消失。是海绵偷走了声音。
REC
声音
声音除了会被物体反射外，还能被物体吸收。
捕
搜
声音
捕
声音在传播的过程中，如果遇到坚硬、光滑的物体，就更容易被反射。
声音
吸收
反射
坚硬、光滑的物体，只会吸收一小部分声音。

柔软、褶皱的物体，只能反射一小部分声音。

AWWWWW~
这样就不会太吵了！
在电影院，人们用凹凸不平的材料来涂装墙壁，防止电影的声音太大而损害人的听力。

在剧院，人们用厚厚的布帘隔开前台和后台，不让嘈杂的声音传到观众耳中。

小声点!

没关系，外面听不到

为了避免噪声传到居民区中，人们使用强力隔声材料把高速公路“包”了起来，即使住在公路旁边，听到的噪声也很小。

好安静啊。

声学心法

1. 回声是声音反射现象的一种。
2. 坚硬、光滑的物体更容易反射声音。
3. 柔软、有褶皱的物体更容易吸收声音。

无声的警报
今天天气太热啦！

咦，怎么让孩子搬这么重的东西？

你在搬什么？需要我帮忙吗？
哇，谢谢你！

我今天抓了很多蛇，要到集市上卖呢！
!!

哪里来的这么多蛇，
太吓人了！
你先下来……

今天早上，忽然有很多蛇往山里逃窜，不知道在躲什么。
我猜是在躲你……

别晃了……
都怪你！我的蛇都跑了！你赔！
哎，有青蛙！你帮我抓青蛙吧！
怎么突然又冒出来这么多青蛙？难道……

轰隆隆——！

我没骗你吧！

真的地震了……

你怎么知道要地震了？

地震来临之前，地面会发出一种“声音”，叫作次声波。

次声波

轰

次声波

轰

虽然人的耳朵很灵敏，但有一些“声音”我们是听不到的。
次声波就是其中一种。

江湖往事

在我国很多史书和地方志的记载中，都曾把大地震和动物异常行为联系起来。《邓州志》中就有记录，明朝嘉靖三十五年（公元1556年）发生过一次地震，地震前『从西北方向传来风雨声，飞鸟和走兽都在鸣叫』。对动物异常行为的关注，为次声波现象的研究和当今地震灾害预警提供了非常实用的思路。

声学演武堂
思考篇
诡异的『凶杀案』
你们已经学习很多声学知识了，敢不敢跟我去侦查一起凶杀案呢？
19 世纪 90 年代，人们在海上发现了一艘死气沉沉的轮船。这艘船的船体没有任何明显损坏，船上的货物也码放整齐，但诡异的是，整艘船上的水手都离奇死亡了。经过检查，死亡的水手们身上不存在任何外伤。
今天，我们遭遇了百年一遇的海洋风暴，这令我们十分痛苦……
航海日志
现在，船长的航海日志是这场凶杀案唯一的线索。
想一想，凶手到底是谁？

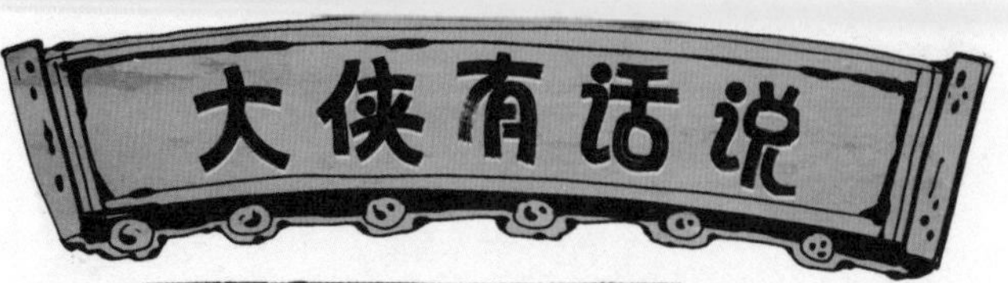

这场离奇的凶杀案困扰了人们许多年。直到20世纪初，人们才找到无形的“凶手”——次声波。

但是不必担心，普通车、船产生的次声波能量极小，不会危及生命。

次声波这么可怕，能不能消灭它呢？

次声波

当然不能。首先，生活中处处都是次声波，大风、雷雨、汽车甚至扩音喇叭，都能产生次声波，不可能把它消灭掉。

声学心法

1. 频率低于 20 赫兹的声波统称为次声波。
2. 人类听不到次声波，但有些动物可以听到。
3. 有些次声波会对人体造成危害。
4. 次声波可以用来监测地震和气象活动。

自带『导航』的动物

走夜路好麻烦呀。

哎哟，好疼！
哎哟，撞到我了！
咣！

呀，原来是一位老人家。实在不好意思。
没关系。

这么晚了，你在这里做什么？
我在抓蝙蝠。

呃……你为什么抓蝙蝠？
我要用蝙蝠做实验。

天黑以后，人必须借助火光才能看清东西，可是蝙蝠不仅能在天上飞，还能灵巧地躲避树枝和墙壁，这难道不神奇吗？
哇，你说得没错。

那么你打算怎样做这个实验呢？
我已经试过把蝙蝠的眼睛遮起来，但是蝙蝠还是飞得很顺利……

这次我想给蝙蝠翅膀刷上油漆，研究一下它们的翅膀上有没有长眼睛！
你认真的吗……
油漆

因为蝙蝠是通过超声波来辨别方向的。

超声波是什么？

超声波是频率高于20000赫兹的“声音”。

虽然人类听不到，但它仍然是大自然中常见的声波。蝙蝠就是超声波最著名的“代言人”。

正宗

超声波

我好看吗？
看不见。
蝙蝠常年生活在阴暗的洞穴中，因此它们的视力很差。
所以，蝙蝠才进化出了特殊的“导航”技巧——超声波回声定位。
看不见，但听得见！

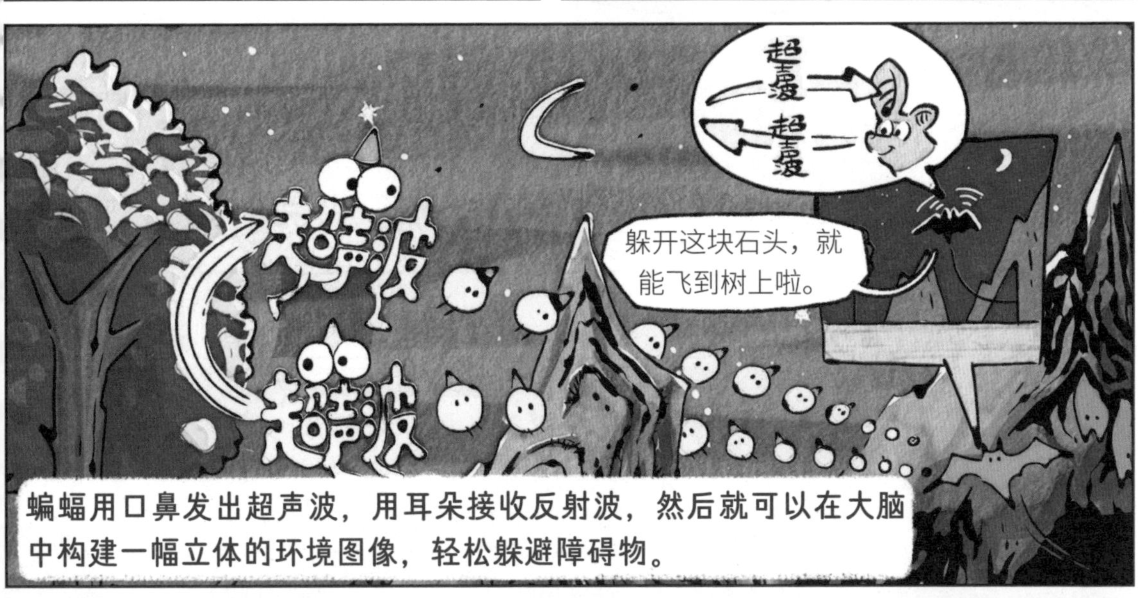
超声波
超声波
超声波
超声波
躲开这块石头，就能飞到树上啦。
蝙蝠用口鼻发出超声波，用耳朵接收反射波，然后就可以在大脑中构建一幅立体的环境图像，轻松躲避障碍物。

可是一群蝙蝠在一起的时候，不会把声音搞混吗？

江湖往事

18世纪末的意大利科学家拉扎罗·斯帕拉捷是世界上第一个研究『蝙蝠如何在夜间飞行』的人。他通过蒙住蝙蝠双眼、在蝙蝠身上涂油漆等方法，得出了『蝙蝠在夜间飞行不依靠视觉』的结论。20世纪30年代，科学家们正式公布了蝙蝠能够发出超声波的证据。斯帕拉捷的蝙蝠实验，在人类认识、利用超声波的道路上迈出了第一步。

声学演武堂
思考篇
它们中间有一个人在说谎。你觉得是谁呢?
声呐、B超机、清洗机和雷达聚在一起吵吵嚷嚷的，它们都说自己拥有超声波能力。
#1
我可以利用超声波探测海底的地形!
声呐
#2
我可以利用超声波检查人体健康!
B超
#3
清洗机
我可以利用超声波清除食物上面的杂质!
#4
我可以利用超声波侦查敌人的方位!
雷达

说谎的是雷达。很多人都以为雷达的发明是借鉴了蝙蝠利用超声波回声定位的特性，但事实并不是这样的。

首先，蝙蝠发出的超声波和人声一样，都是通过振动发出来的声波，属于机械波。

但是，雷达使用的是电磁波，是由电磁粒子构成的。所以雷达的发明与使用和超声波没有关系。

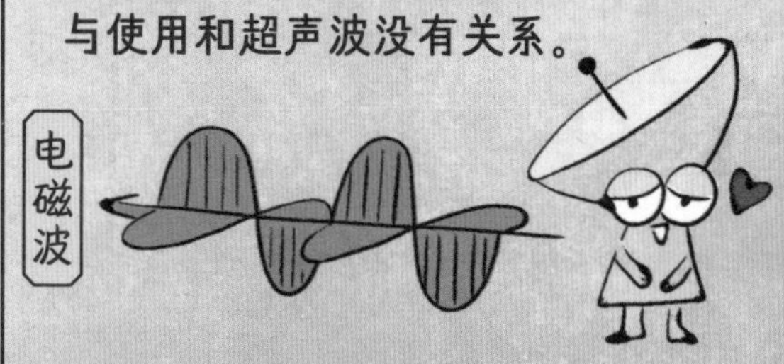

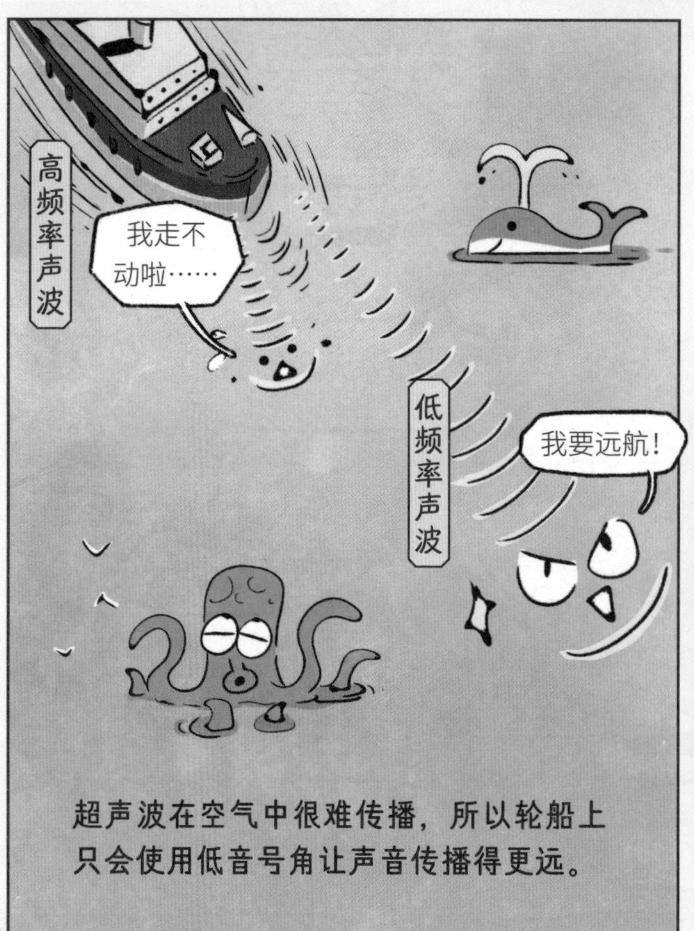

超声波在空气中很难传播，所以轮船上只会使用低音号角让声音传播得更远。

但是，声波在液体和固体中却可以传播得很远。人们利用超声波发明了声呐，不管多深的海底峡谷，都能被超声波探测到。

多深了？

才20千米，还早呢！

超声波具有很强的能量。在生活中，我们可以利用超声波清洗器来清洗食物，或者给金属除锈。

队尾

下一个就到我啦。

超声波

欢迎来到超声波浴室！

掌门心法

1. 高于 20000 赫兹的声波统称为超声波。
2. 蝙蝠利用超声波和回声来躲避障碍物。
3. 超声波可以用来探测地形、诊断疾病、清除顽固杂质。

今日，本大侠乔装改扮，来到了地球上的一家先进科技博物馆，发现了一个有趣的东西。当我坐在展柜前方的指定座位上时，可以清晰地听到展品的讲解音频，当我起身离开时，虽然音频还在播放，我却一点声音都听不到了。

我留意打探了一下，原来座位的正上方安装了一部先进的音响系统。这种系统可以把讲解音调制到超声波上，利用超声波定向传播的原理，让声音像聚光灯一样投射在指定区域。这样一来，只要不在投射范围内，即使站在座位旁边，也会觉得非常安静。

虽然超声波是人耳听不见的声音，但是这种音响系统不仅利用了超声波的频率，还使用了超声换能器，可以把发射到空气的超声波再次转换成人耳能听到的声音。听说这项技术已经应用到了人类生活的各个领域。本大侠也要把这项技术带回我们物理江湖，让大家好好学习一下！

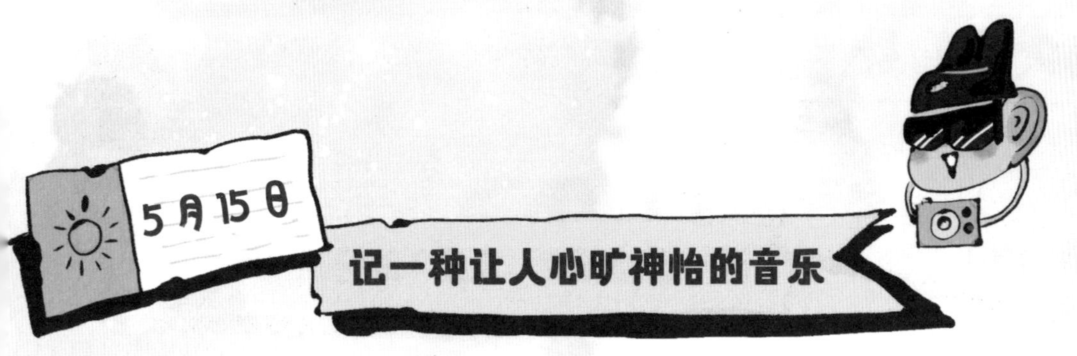

最近，我听说我的好朋友乐乐因为考试压力大，整晚都睡不着觉。于是，我约他来到了一家心理诊所，听到了一种神奇的音乐。当这种音乐响起的时候，我整个人都松弛了下来，觉得心情舒畅，所有不开心的事儿都忘到脑后去了，简直爽呆啦。

我告诉他，这是一种新型音乐，称为疗愈音乐。它的作用可不一般，像我朋友这样平时压力比较大的人，或者是患有轻度健忘症的老年人，都可以通过聆听疗愈音乐使病情得到缓解。

我咨询了一下心理医生，疗愈音乐能够缓解抑郁症等心理疾病，关键在于它利用了一个非常有趣的人体特征：当人脑处于放松状态时，会产生频率为8~12Hz 的 α 脑电波，而疗愈音乐的声波频率也在这个范围中。因此，聆听疗愈音乐会诱发人脑出现类似于 α 脑电波的状态，在一定程度上使人放松心情、改善睡眠。这种音乐太好听了，回头我也学学，不知道用唢呐能不能吹出一样的曲子来。

到了丰收的季节，我的学生邀请我到他家的农庄度假。收庄稼真的太快乐啦，整个仓库里都飘着麦子的香气，让人“闻之欲醉”呀。

农庄的主人说，这些小麦最怕的就是在储存过程中发霉，一旦它们被霉菌感染，就会产生毒素，不仅降低了口感，还会对人的身体健康产生危害。可是，收上来的小麦堆得像小山一样高，怎么可能一粒一粒去检查它们有没有发霉呢？

这种事可难不倒我声大侠！在我的帮助下，小麦被运到了专业的检测中心，我准备利用声学法来测定小麦中真菌毒素的含量。在这里，质检人员会把小麦分成小份，然后对准小麦发出声波。当声波穿透小麦时，变质的小麦越多，反射回来的声波振幅就越小。整个过程就像用听诊器一样，健康的小麦声音大，变质的小麦声音小。用这种方法很快就把变质的小麦淘汰掉了。农庄的主人非常感激我给他介绍了这种又快又便宜的方法，他说回去以后要请我吃面条。啊，好期待！

收到朋友的邀请，本大侠今天来到了一家绝密的军事基地参观。不看不知道，原来声学已经被应用到这么多军事领域当中了。不过，这里的很多事情都是保密的，想问也问不到，太遗憾了。

我听说，现在军用飞机的隐身技术已经发展到出神入化的地步了，只要这架飞机涂上了“隐身涂层”，不管多厉害的雷达也探测不到它。不过，再完美的东西也会存在漏洞，这些“隐身飞机”只做到了不让别人看到自己，却做不到不让别人听见自己。

军用飞机不可避免地要发出高强度噪声，并且很难把这种噪声消除掉。因此，使用声学系统探测这些目标就成为最有效的途径之一。如果在地面上放置一个能够灵敏捕捉声波的仪器，就可以识别到远处飞来的轰炸机，及时发出预警。对于军队来说，这可就帮了大忙了。看到声学知识能够运用到军事领域，本大侠还是很自豪的。当然，还是希望地球和平发展，这样地球人就可以每天开开心心地躺在家里听音乐，什么都不用担心啦。

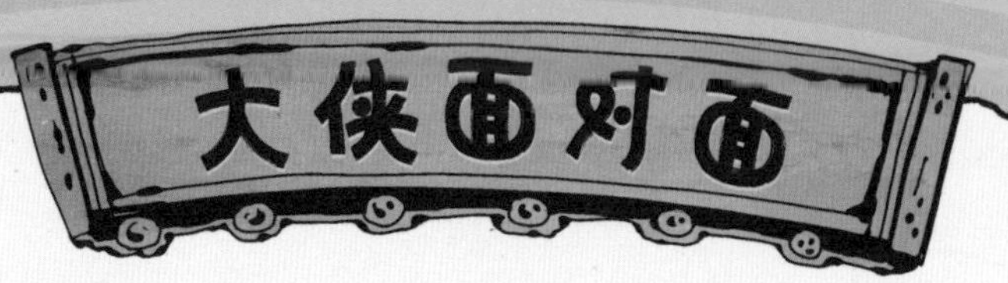

为什么每个人说话的声音不一样？

这就要从人体构造说起了。每个人的喉咙中都有两片薄薄的肌肉，这两片肌肉虽然看上去不起眼，但它们却组成了人体唯一的发声器官——声带。当人说话的时候，气息会穿过声带的缝隙，使声带发生振动，再加上唇、齿、舌的配合，就能发出声音了。

那么，为什么每个人说话的声音不一样呢？这是因为每个人声带的长短、薄厚都不尽相同。一般来说，大部分男性的声带长而宽，所以声音听起来低沉厚重；大部分女性的声带短而狭，所以声音听起来高亢纤细。

可是，人的声音并不是一成不变的。每一个 13~16 岁的青少年都会经历一个“变声期”，在这个阶段，人的声带会充血、水肿，导致喉咙不适，说话声音也很嘶哑。大部分情况下，男生的声音变化会比女生明显。在变声期内，要多喝水、控制说话音量，才能保证声带不会受到损伤。度过变声期后，人们就能拥有更加饱满、更加好听的声音了。

声音是怎样被录下来的？

现在，如果提起录音，大家可能觉得非常简单，不是只要打开手机中的软件，按下录音键就可以了吗？但是在一百多年前，录音可是一件又复杂又麻烦的事情。

世界上第一台录音机是圆筒留声机，是爱迪生在 1877 年发明的。圆筒留声机的使用方法非常奇特：录音时，需要对着机器上的收音器大声说话，一边说话一边摇动机器侧面的把手，带动滚筒上的锡纸转动起来；放音时，需要调整滚筒的位置，再次摇动把手，才能听到声音。

圆筒留声机不需要通电，因为它利用的是声波振动产生能量的原理。收音器底部有一层薄膜，声波带动薄膜和针头振动，使其在锡纸上留下刻痕，相当于把声音刻在了锡纸上。放音时，针头重新划过刻痕，声音就可以被听见了。

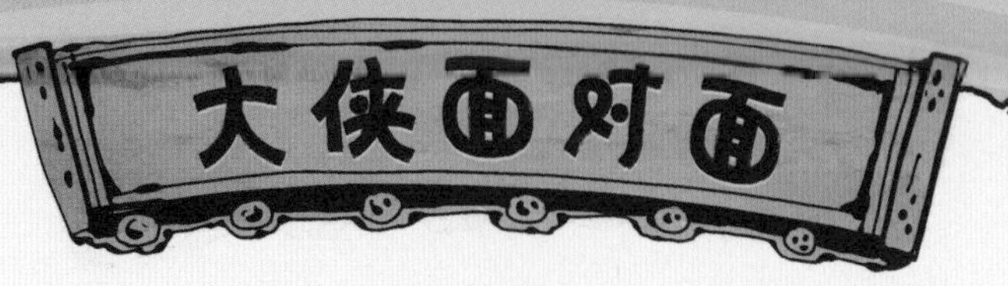

圆筒留声机问世以后，立刻引起了科学界的轰动。但是，圆筒留声机在录音时非常容易受到干扰，而且由于锡纸非常易损，录制好的内容也不能复制，因此并不是很流行。后来，爱迪生把圆筒留声机改进成了相同原理的唱片留声机，外观上更精致，音质也更好，而且圆形的唱片硬度更强，方便复制售卖，在欧美贵族中风靡一时。

再到后来，人们为了能够录到更清晰的声音，开始尝试着探索更好的录音方式。经过研究，卡式录音机诞生了。卡式录音机使用磁带来录音、放音，其原理是先把声波转换为电信号，然后通过电流把磁带上的磁粉进行磁化，从而把声音记录下来。卡式录音机体积小，方便携带，非常受欢迎。

今天，我们已经走进了数字录音时代。科学家们用更加精细的收声器来录音，还把声音转换成了由 0 和 1 组成的二进制数字信号，记录在手机、电脑中，不仅音质越来越好，用起来也更加便捷。听说现在还能把声音储藏在激光中，想一想就觉得很厉害，对吧！

米莱童书

米莱童书是由国内多位资深童书编辑、插画家组成的原创童书研发平台。旗下作品曾获得 2019 年度“中国好书”，2019、2020 年度“桂冠童书”等荣誉；创作内容多次入选“原动力”中国原创动漫出版扶持计划。作为中国新闻出版业科技与标准重点实验室（跨领域综合方向）授牌的中国青少年科普内容研发与推广基地，米莱童书一贯致力于对传统童书进行内容与形式的升级迭代，开发一流原创童书作品，适应当代中国家庭更高的阅读与学习需求。

致　谢： 感谢刘树勇、白欣二位老师编著的《中国古代物理学史》（首都师范大学出版社），为我们展现了一个清晰、科学的古代学术世界。

策 划 人： 刘润东　魏诺

原创编辑： 王曼卿　王佩　张秀婷

漫画绘制： Studio Yufo

专业审稿： 北京市赵登禹学校物理教师　张雪娣

装帧设计： 张立佳　刘雅宁

接下来就看我的了！
祝你旅途愉快！

米莱童书 著/绘

北京理工大学出版社
BEIJING INSTITUTE OF TECHNOLOGY PRESS

图书在版编目（CIP）数据

物理江湖：给孩子的物理通关秘籍 / 米莱童书著绘
. -- 北京：北京理工大学出版社，2022.7（2025.3重印）
ISBN 978-7-5763-1313-0

Ⅰ. ①物… Ⅱ. ①米… Ⅲ. ①物理学－儿童读物
Ⅳ. ① 04-49

中国版本图书馆 CIP 数据核字 (2022) 第 076498 号

出版发行 / 北京理工大学出版社有限责任公司
社　　址 / 北京市丰台区四合庄路 6 号
邮　　编 / 100070
电　　话 /（010）82563891（童书出版中心）
经　　销 / 全国各地新华书店
印　　刷 / 雅迪云印（天津）科技有限公司
开　　本 / 710 毫米 ×1000 毫米　1/16
印　　张 / 20
字　　数 / 500 千字
版　　次 / 2022 年 7 月第 1 版　2025 年 3 月第 16 次印刷
定　　价 / 200.00 元（共 5 册）

责任编辑 / 王玲玲
文案编辑 / 王玲玲
责任校对 / 刘亚男
责任印制 / 王美丽

序

大家都知道，一个苹果掉在了牛顿的头上，让牛顿发现了万有引力。可是你知道吗？早在战国时期，《墨子》中就提到“重之谓下，与重，奋也”，他发现万物都受到一个向下的力的作用，只有向上用力，才能对抗向下的力量。西方世界对物理学的研究和认识更成体系、更为深入，同时又有众多改变人类发展进程的厉害发明，这就让大家普遍认为，中国的物理学研究起步晚，较为落后，其实这样的理解是片面的。中国古人对声、光、力、热、电等的研究，在古籍中多有记载，并且多以工具的形式造福中华民族数千年，指导着人们的生活和劳作。中国人民的勤劳和智慧，不能说没有中国古人对物理学研究的功劳。

你手中的这套《物理江湖》，不仅把物理学的最基本的知识清楚明了地用漫画的形式讲述给你，而且故事的发生不是在实验室，不是在遥远的西方世界，是在中国，是在你熟悉的成语故事里，是在你每天背诵的古诗古文里，是在你听过的琵琶曲里，是在你看过的皮影戏里，是我们误以为对物理学的认知和研究都很落后的中国古代。这套书的编著者在中国古籍、古文中发现了中国古人对基础物理的研究成果和看待物理现象的不同视角，让读者对物理的理解更多元，更多发现它的现实价值。

声、光、力、热、电这五大主题，涵盖了物理学的基本知识体系，让你对物理的认识不停留于对概念的简单认知，而是它们的深层内涵和相互间的关系。你不仅能从中获得丰硕的物理学知识，丰富你的想象力，启发你的灵感和直觉，而且能提高你的类比和推理能力。此外，书中有层次、有体系的物理学知识，加上中国文化元素和你们喜欢的江湖剧情，以及便捷可得的有趣小实验，一定会让你爱上物理，更好地了解物理对我们生活和文化的影响。

中国工程院院士、著名物理学家

周立伟

于北京理工大学

光
传说，宇宙中有一颗神秘的星球，叫作“物理江湖”。江湖上住着一群知识渊博的侠客，他们奔波在宇宙的各个角落，游历古今、行侠仗义，用物理知识为人们排忧解难。

我精通光学知识，住在物理江湖的光学大陆上。虽然我说话很不客气，但我乐于助人，内心温柔。
为了传播真理，我领到了一份“任务清单”，我将按照清单上的指示来到地球，开启我的旅程……
光大侠
光大侠的任务清单
光影魔术师——06
抓不住的月亮——14
虚幻的『神仙岛』——22
掌心的七色光——30
神奇的『千里眼』——38
宇宙中的光——48
光大侠的旅行手记——56
大侠面对面——60
小白马
我是光大侠的坐骑，我将和光大侠一起为大家提供帮助。

呜呜……
我害怕……
这哭声也太夸张了……
好孩子，你别哭了、别哭了……
这是怎么了？
唉，孩子害怕做噩梦，所以总不敢睡。
我来帮你吧。
呃，你？

太有意思啦!
可累坏我们仨了……

宝宝，小兔子会在外面保护你的，你可以好好睡觉啦!
嗯……那好吧。

真是太感谢你了，你的斗篷太神奇了……请问你是怎么做到的呢?
这叫作“影戏”，利用的是最简单的光学原理。

当光照射在物体上时投射出的较暗的区域，就叫作影子。
嗯……可是为什么会有影子呢?
影子

因为光是沿直线传播的。
在大部分情况下，光的前进路线都是直来直去的，就像是长长的、连续不断的线条。
因为光不会“拐弯”，所以当光在路上遇到障碍物时，就会被挡住。
这样一来，被挡住的地方就只剩下黑漆漆的一片，而没有被挡住的地方则可以被光线照亮。
所以，影子会随着斗篷形状的变化而变化。纸、手，或者其他不透明的物体，都可以用来演“影戏”。
欸？为什么月光的效果不如火把好呢？
当然，因为月亮不是光源。

光从哪里来，哪里就叫作“光源”。

存在于大自然的光，叫作自然光源。人类制造的光，叫作人工光源。

可是，如果想要表现老虎、熊这样的形象，就得用很大的布来裁出它们的形状，到哪儿去找这么大的布呢？

不需要。如果能控制好光源和布的距离，是可以改变影子的大小的。

在光源和墙壁距离不变的情况下，物体离光源越远，挡住的光线就越少，影子就越小。

距离远

距离近

相反，物体和光源越近，挡住的光线就越多，影子就越大。

江湖往事

早在春秋时期，我国劳动人民就已经对于光沿直线传播这一原理有了清晰的认识。相传在汉朝时，汉武帝思念过世的李夫人，一个名叫少翁的人让宫女穿上李夫人的衣服，在点着蜡烛的帐帷后面模仿李夫人的动作。汉武帝透过帐帷看去，宫女的影子好像真的是李夫人重生一样。这样把光源、屏幕和影子组合在一起的『影戏』，就是我国非物质文化遗产——皮影戏的前身。

奇怪的烛影

准备一个纸杯，用半透明的宣纸封住杯口。用笔在杯底扎一个小孔。点燃一支蜡烛，用小孔对准蜡烛，移动纸杯。

调整距离，让蜡烛影清晰地呈现在薄膜上。这个时候薄膜上的蜡烛影是什么样的？

保持蜡烛和小孔的距离不变，再试试把小孔扩大一点，薄膜上的蜡烛影有什么变化？

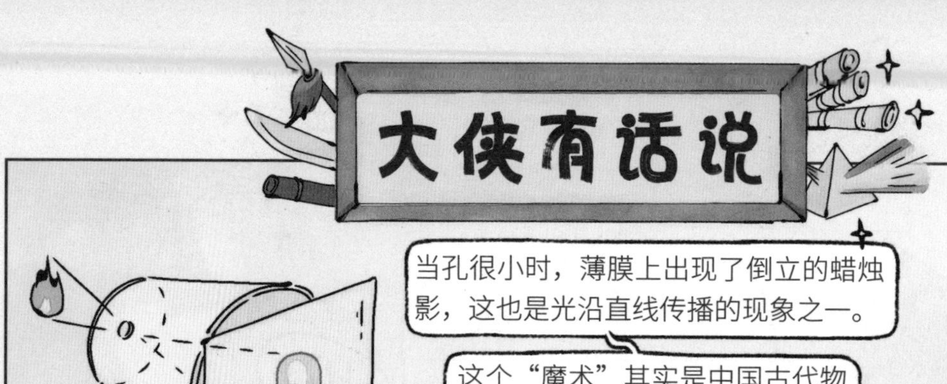

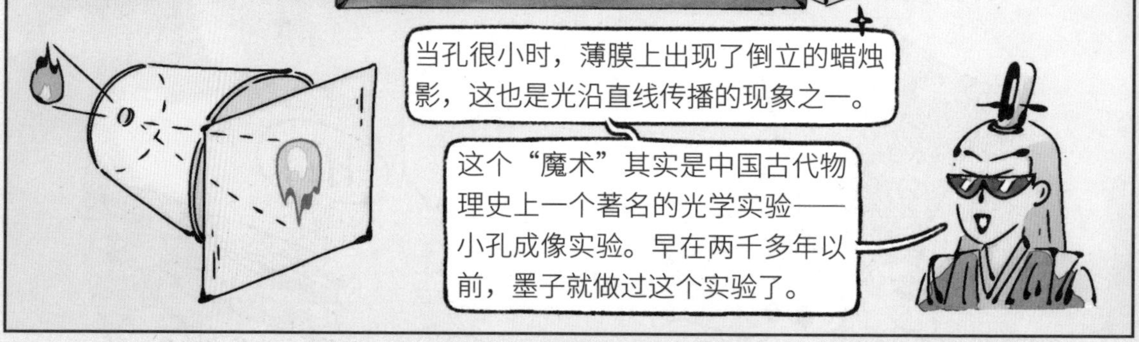

在墨子的实验中，一个人透过小孔映在墙上的像是倒立的。《墨经》中解释道：“从足部射向下方的光线被挡住了，足部射出的光线只能成像于高处；从头部射向上部的光线也被挡住了，它只能成像于低处。”这就是烛影倒立的秘密。

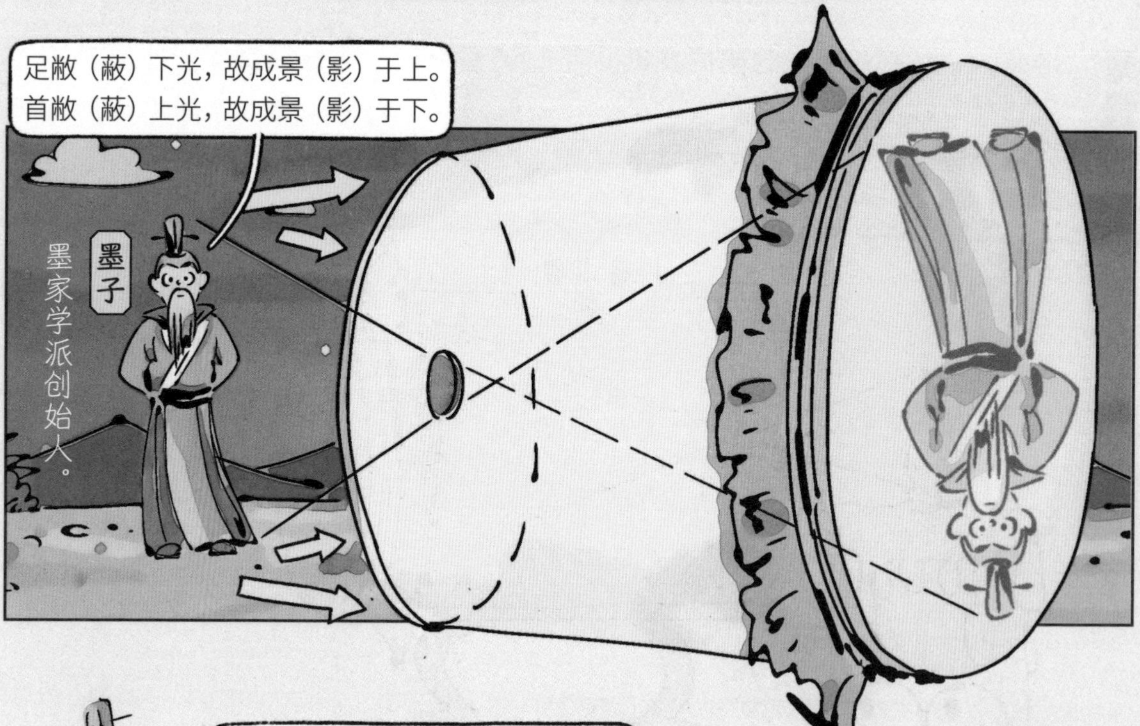

足敝（蔽）下光，故成景（影）于上。首敝（蔽）上光，故成景（影）于下。

墨子

墨家学派创始人。

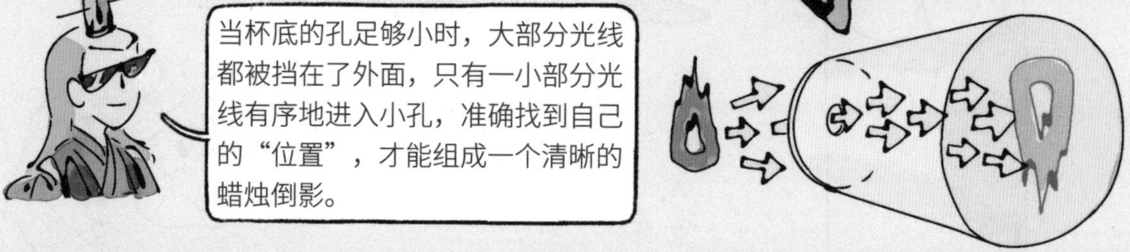

当杯底的孔足够小时，大部分光线都被挡在了外面，只有一小部分光线有序地进入小孔，准确找到自己的“位置”，才能组成一个清晰的蜡烛倒影。

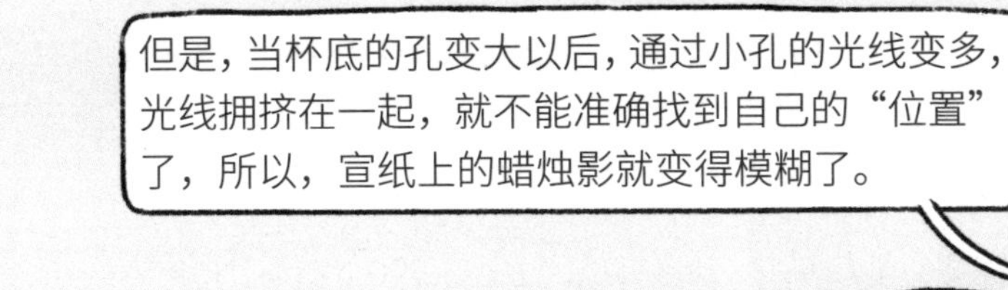

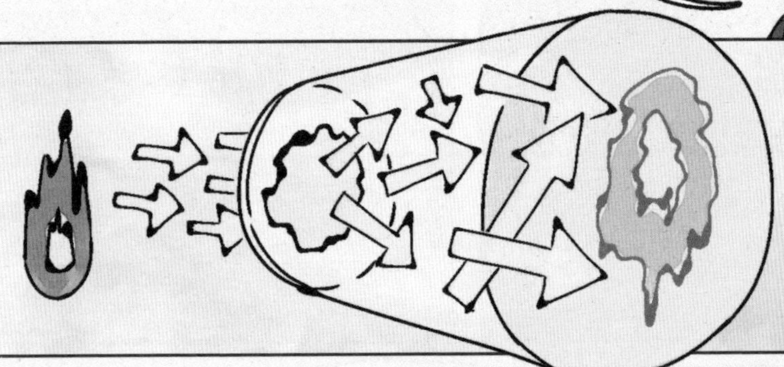

照相机镜头的前面有一个小孔，叫作光圈。想要让照片亮度更高，就要把光圈调大，让更多的光进来；想要让照片暗一点，就要把光圈调小，挡住一部分光线。

光学心法

1. 光源分为自然光源和人工光源。
2. 光是沿直线传播的。
3. 在光源和墙壁距离不变的情况下，物体离光源越近，影子就越大；物体离光源越远，影子就越小。
4. 小孔成像实验中会出现倒立的影像。

抓不住的月亮

好酒！
咕噜
今晚的月亮好圆啊。

月亮怎么掉在水里了？
看我把月亮捞起来……

咳咳……月亮上怎
么这么多水！
糟了，快救人！

哈哈！我知道啦！
月亮肯定是水做的！

好晕！出什么事了？
怎么这么冷……
你刚才要到河
里捞月亮，然
后掉下去了。

当光线照射到物体上时，物体会和光线进行一番“战斗”……

别出声，悄悄走！

哎哟！

走开！

物体就像是一个“小门神”，拦住光线，不让它们进去。打输了的光线就会被赶跑，这就叫作光的反射。

但是，还会有一部分光线可以趁乱悄悄“闯”到物体里面去。

战力分析表

高级战力：镜面反射

不仅如此，它们还会根据光线不同的“进攻方式”更改自己的“战术”。

如果光线从小角度对镜子发起攻击，镜子会把光线小角度打回去；

如果光线从大角度对镜子发起攻击，镜子也会把光线大角度“赶”出去。

低级战力：漫反射
怎么变成打群架了？好乱！
像墙壁、衣服这样的物体，表面比较粗糙，它们就像是一群没有纪律的散漫士兵，由于队伍不整齐，反射出去的光也杂乱无章。
我在上面！上面！
当水面平静、没有波浪的时候，整个水面就是一个巨大的镜子，水中的月亮就是反射到眼中的影像。
月亮掉进水里啦！
月光照射在平静的水面上，反射出的光线进入了我们的眼睛里。但是，人们的眼睛更习惯看到正前方的物体，所以才会觉得月亮是“藏”在水中的。

江湖往事

古人很早就意识到表面光滑的物体可以反射出影像，因此我国的铸镜技术在先秦时期就已经走向了成熟，还发明出了很多让镜面更加光滑明亮的方法。《考工记》中记载，铸镜原料的合金成分中增加百分之五十的锡元素，可以提升镜体表面的光洁度；《淮南子》中还记载了给铜镜抛光的方法，可以让镜面清楚地映出人的『鬓眉微毫』。

隐藏的『纵火犯』

有一天正午，一户人家的书房忽然发生了火灾，书房的窗户被烧成了焦炭。令人感到奇怪的是，窗户下方的书桌完好无损，而且火灾发生时，主人并不在家。

现场没有发现任何可疑的痕迹，只在书桌上发现了一个小碗形状的奇怪的镜子。

想一想，谁是“纵火犯”呢？

大侠有话说

真正的纵火犯，就是书桌上奇怪的镜子。怎么样，你猜对了吗？

这种奇怪的镜子叫作凹面镜，它的中心是凹下去的，就像一只镜子做成的小饭碗。

抱歉，我不盛饭。

凹面镜就像一位射手，能够把反射光都射向同一个“标靶”。在受到光线照射时，凹面镜会把光线汇聚在一起。

但是，当反射光线越来越多时，“标靶”上汇集的热量也会越来越多，最终引发火灾。

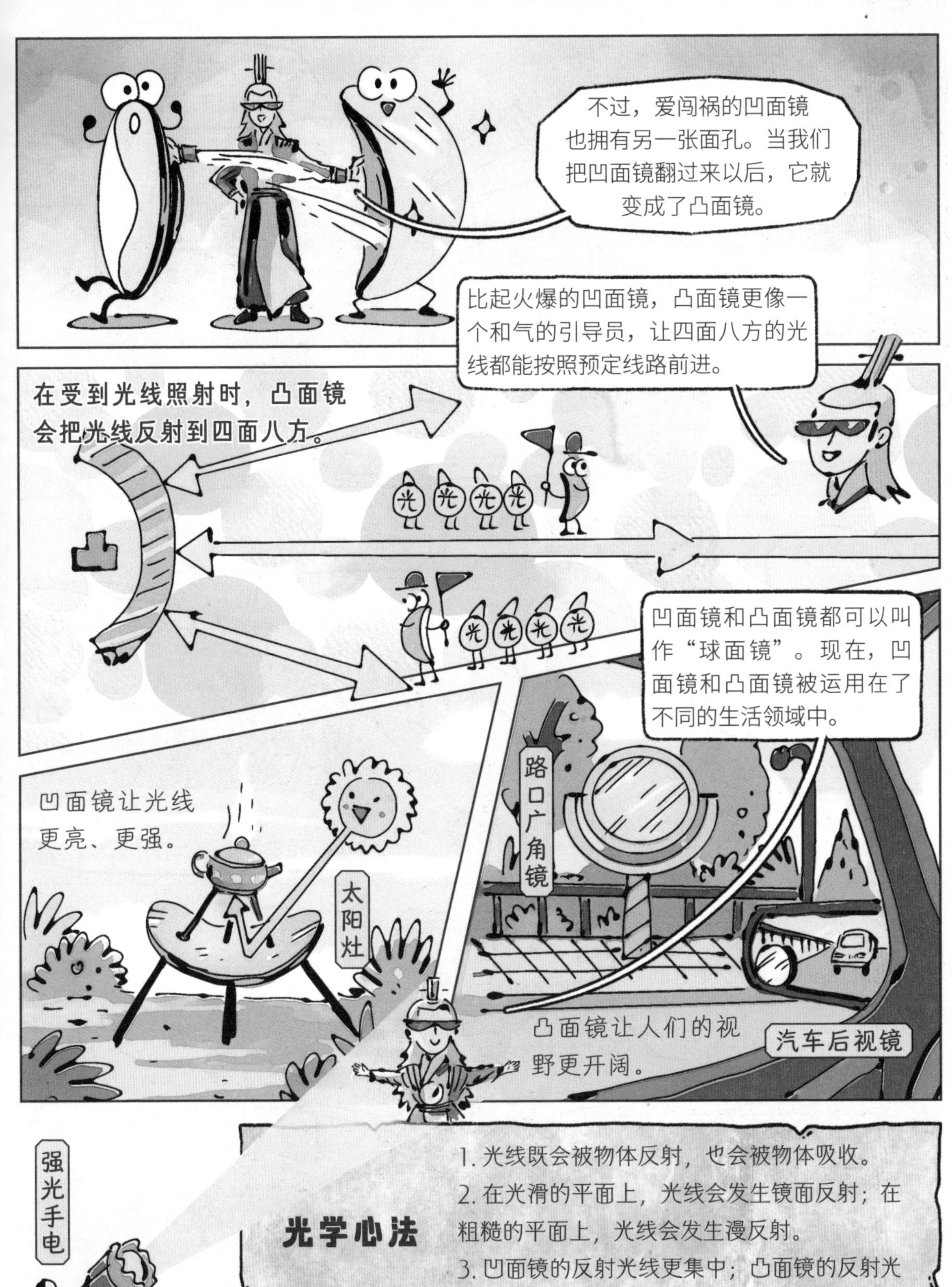

光学心法

1. 光线既会被物体反射，也会被物体吸收。
2. 在光滑的平面上，光线会发生镜面反射；在粗糙的平面上，光线会发生漫反射。
3. 凹面镜的反射光线更集中；凸面镜的反射光线更发散。

虚幻的『神仙岛』
海风好凉快啊。
欸？什么
东西撞过来了？
咚！
是遇到
海难了吗？
咳咳……让我起来，我还
要继续去找神仙岛！
岛？可是我们的船走了一路，
没有发现海上有什么岛。
神仙岛怎么可能让你这种
凡人发现呢！小老弟，你可
得跟紧我，等到了神仙岛，
咱们一起长生不老！
你说他是不是脑子
有点问题？

?
啊——！前面那个就是……
神仙岛！是神仙岛！咱们得快点过去！
不是的。那是海市蜃楼，不是什么岛。
海市蜃楼是什么东西？
海市蜃楼是现实中存在的物体折射在天空中的虚像，就算看得见，也摸不着。

在同一种介质中，光确实是沿着直线传播的。

当光从一种介质射入另一种介质时，光的传播方向就会发生改变。

空气和水都是由看不见的小微粒组成的，这些微粒叫作“分子”。

光在空气中传播得快，所以空气就是“光疏介质”；光在水中传播得慢，所以水就是“光密介质”。当光线穿透两种不一样的介质时，就会发生折射。

折射现象存在于我们生活中的方方面面。
水中的木棍好像被折断；用鱼叉对准鱼，却总不能叉准。
可是，你说的这些和海市蜃楼没有关系啊！
当然有关系。空气受到了温度的影响，也会导致光线弯折。
由于水的特殊性，海水附近的空气温度偏低，空气密度更大；而远离水面的地方空气温度偏高，空气密度较小。
虚像
由于空气分子疏密不均，建筑物发出的光线在空气中发生了偏折，“拐弯”进入了人的眼睛。但是，由于人眼更习惯从笔直的方向看到物体，所以才会错以为建筑物飘在天上。
空气
空气
空气
空气
空气
空气
空气

所以，真的没有神仙岛吗……
真的没有神仙岛。
那我岂不是白跑一趟了？
是，找个凉快的地方待着吧。

江湖往事

在古代，世界各地都有关于海市蜃楼的传说。二十四史之一的《汉书·五行志》中记载了十二种奇异的自然现象，海市蜃楼就是其中之一。在古人的认识中，『蜃』是一种会吞云吐雾的神兽，因此海市蜃楼就是神灵显形，可能会给人们带来灾难。在意大利，人们把海面上耸立的形态各异且不断变化的城堡当作传说中的女巫魔法。随着世界各国人们科学素养的提高，人们才渐渐认识到了光折射的原理，海市蜃楼终于摆脱了诅咒的阴影，人们也得以放下思想包袱，安心地欣赏这一雄伟的景观。

被『绑架』的光线

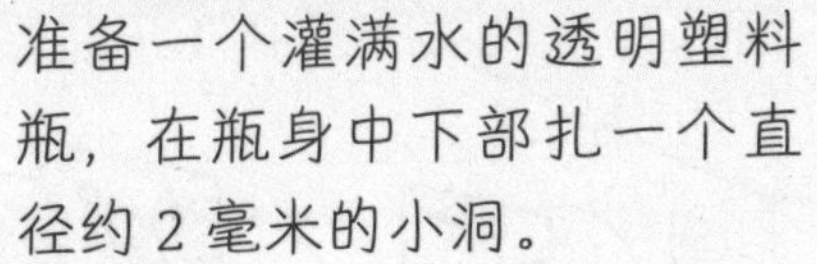

准备一个灌满水的透明塑料瓶，在瓶身中下部扎一个直径约 2 毫米的小洞。

用激光笔隔着塑料瓶，平直地从另一边对准小孔的位置照射过来。注意，激光笔不能对着人的眼睛照射哦！

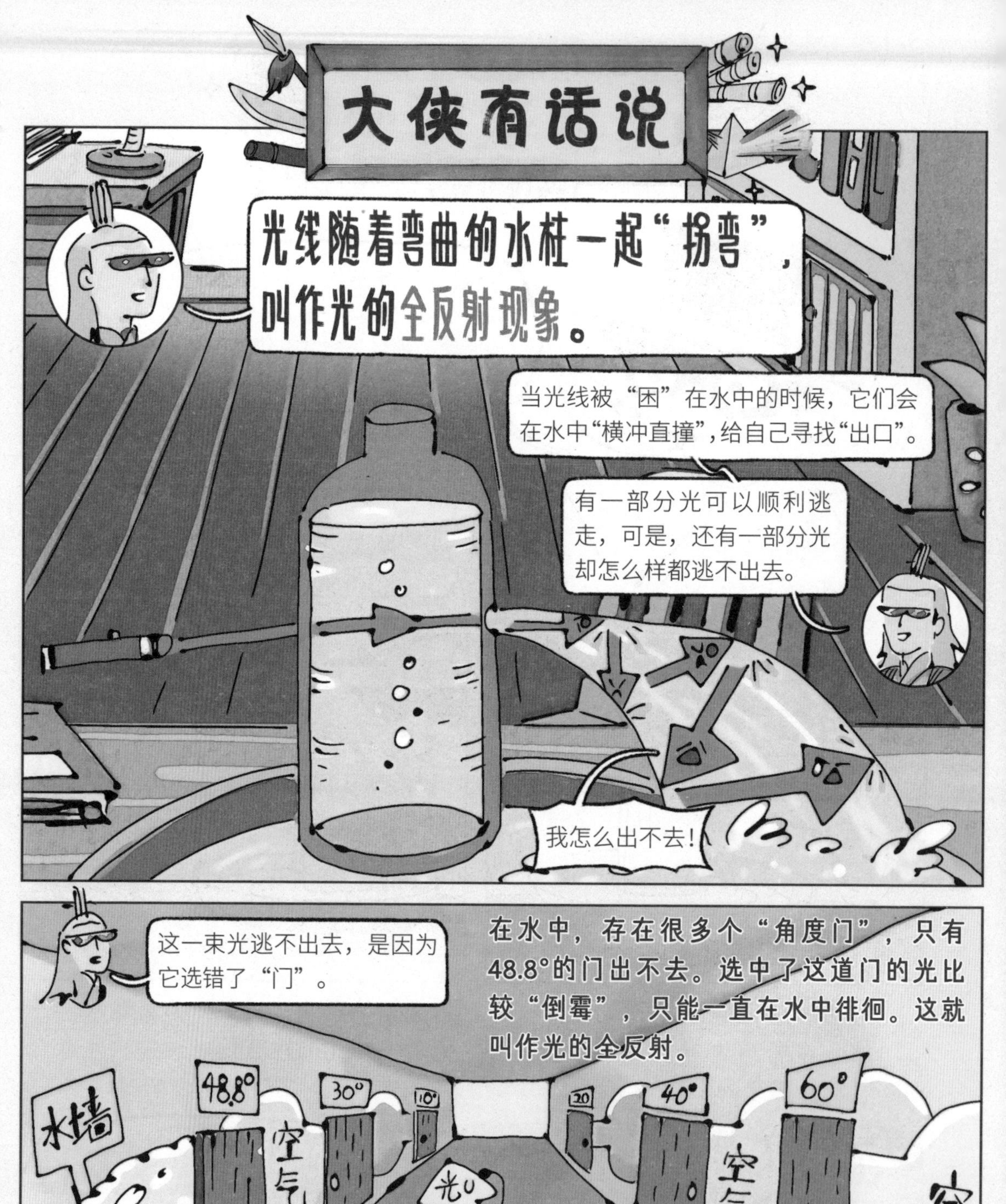
大侠有话说
光线随着弯曲的水柱一起“拐弯”，叫作光的全反射现象。
当光线被“困”在水中的时候，它们会在水中“横冲直撞”，给自己寻找“出口”。
有一部分光可以顺利逃走，可是，还有一部分光却怎么样都逃不出去。
我怎么出不去！
这一束光逃不出去，是因为它选错了“门”。
在水中，存在很多个“角度门”，只有48.8°的门出不去。选中了这道门的光比较“倒霉”，只能一直在水中徘徊。这就叫作光的全反射。
水墙
48.8°
30°
10°
20
40°
60°
空气
空气
空气
光
光
光
唉，我被全反射了……

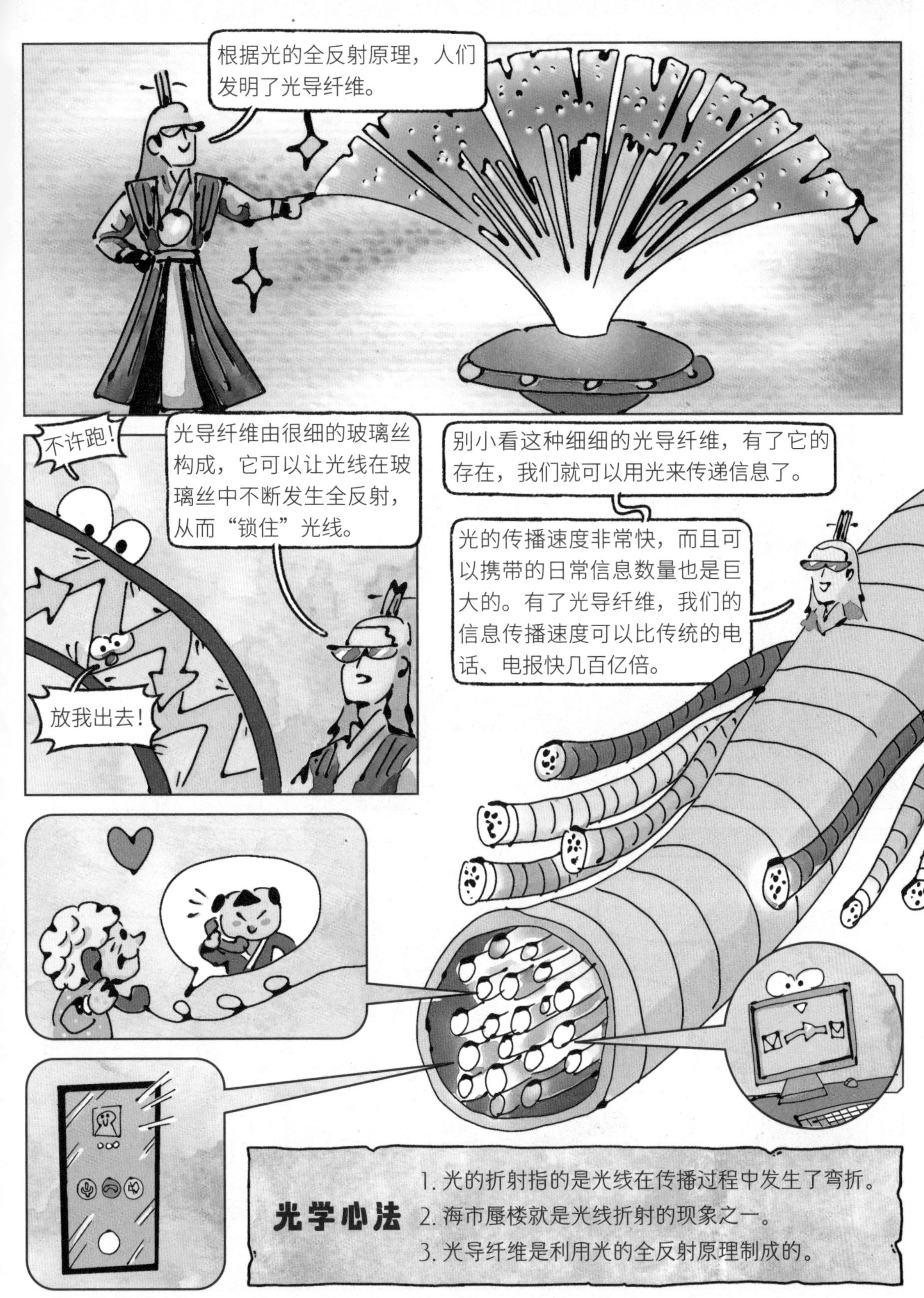
根据光的全反射原理，人们发明了光导纤维。
不许跑！
光导纤维由很细的玻璃丝构成，它可以让光线在玻璃丝中不断发生全反射，从而“锁住”光线。
放我出去！
别小看这种细细的光导纤维，有了它的存在，我们就可以用光来传递信息了。
光的传播速度非常快，而且可以携带的日常信息数量也是巨大的。有了光导纤维，我们的信息传播速度可以比传统的电话、电报快几百亿倍。
光学心法
1. 光的折射指的是光线在传播过程中发生了弯折。
2. 海市蜃楼就是光线折射的现象之一。
3. 光导纤维是利用光的全反射原理制成的。

掌心的七色光

刚才的雨下
得好大啊。

这孩子在干什么？

你为什么不回家？
这么大的雨，你怎么
一个人站在这儿？
！

？
啊，我在等“祥瑞
之兆”！

“祥瑞之兆”？
是什么？
我的好朋友告诉我，下完雨后
天上会出现七色光，看到七色
光的人都会得到好运！

啊……你说的是
彩虹吧？
彩虹？和七色光
是一样的吗？

当然。你看。
On!
哇！你是变戏法的吗！
才不是。
这块看上去很锋利的玻璃，叫作三棱镜。三棱镜是一个喜欢“分门别类”的引导员，它会把阳光分成七种颜色的光，引导它们排着整齐的队列前行。
我们就喜欢在一起！
分开了也是好朋友！
把阳光分解成七色光，这就叫作光的色散。

想变成彩虹的话，快到我们这里集合！
白色的阳光是由红、橙、黄、绿、蓝、靛、紫七种色光组成的。七色光分别拥有不同的折射角。
哇，我看到七色光了！这就叫彩虹吗？
对。雨过天晴时，空中会漂浮着许多密密麻麻的小水珠，这些小水珠就像一个巨大的三棱镜，把阳光分解成了七种颜色组成的彩虹。
阳光和水珠的最小角度在40°左右，最大角度在42°左右时，才能分解出七色光。

折射角就像“门票”，阳光给出不一样的“门票”，水珠就会根据不同角度把阳光折射出不一样的颜色。
42°
40°
请出示门票！
好的！
七色光
交完“门票”，七色光就可以乘坐“滑梯”有序离开啦！
红色光的滑梯更短，所以它先占据了第一名的位置；紫色光的滑梯更长，所以只拿到了最后一名。这时候，你就能看见红色在上、紫色在下的彩虹了。

你也来看七色光啦！

是呀！

这个叫作三棱镜，是那个会变戏法的大叔送给我的！而且，天上的七色光还有一个名字，叫作彩虹……

我不是变戏法的大叔……

咦，你手里拿的是什么？这个人是谁？

江湖往事

唐朝时，一个名叫张果的道士发现了一个有趣的现象：阳光穿过白色的石英石，就会分解出五色光。到了明末，科学家方以智在《物理小识》中把色散现象和彩色霓虹、五色云等自然现象联系了起来。这就说明中国古代对光的色散现象有了一定的认识，但遗憾的是，并没有人深入研究这部分知识。

颜色发明家 准备红色、绿色、蓝色、黄色四种水彩颜料，尝试着把它们混合在一起。

怎么所有颜色都是我见过的？为什么不能调出一种新颜色呢？

红色和黄色混在一起，是什么颜色？
蓝色和红色混在一起，是什么颜色？
黄色和蓝色混在一起，是什么颜色？
绿色和黄色混在一起，是什么颜色？

大侠有话说

我们是
“光学三原色”！

你知道吗？我们能看到的所有颜色，都是由红、绿、蓝三位“发明家”创造出来的。

“光学三原色”按照不同的比例相互重叠，就组成了不一样的颜色。比如，如果想要黄色，就要把红色和绿色重叠在一起。

利用色光混合的原理，人们用很多三原色“小灯泡”来组装电子屏幕。这样，我们才能从电视屏幕上看到多姿多彩的颜色。

绿光和蓝光搭配，
就会出现青色。

电视屏幕是由无数三原色小灯泡组成的，它们叫作显像管。

红光和绿光搭配，
就会出现黄色。

我们是“颜料三原色”！

不过，在美术领域中，“三原色”这个称号归属于另外三种颜色，它们分别是红、黄、蓝。

“颜料三原色”按照不同的比例相互重叠，也会组成不一样的颜色。但是，当三者混合在一起时，出现的不是白色，而是黑色。

颜料是由各种化学元素和矿物组成的，因此，颜料自己不能发光，只能反射光。

比如，红色的颜料只反射出七色光中的红光，吸收了其他的光，所以人眼只能看到红色。当它们混合在一起时，七种颜色的光都被它们吸收了，所以只能看到黑色。

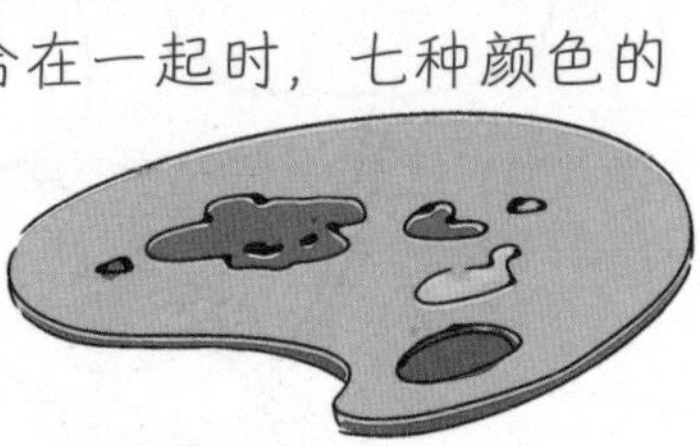

“颜料三原色”同样为我们生活中的美贡献了自己的力量。

光学心法

1. 三棱镜可以把阳光分解成七色光，这就叫作光的色散。
2. 当阳光以特定角度照射在天空中的水珠上时，就会折射出彩虹。
3. 光学三原色是红、绿、蓝；颜料三原色是红、黄、蓝。

你是有多喜欢玩雪啊?

救命啊!
是谁在喊救命?
?

下面!

快拉我一把!

哎哟，终于上来了!
你是怎么掉下去的?

今天早上，我用来探路的“千里眼”被我摔坏了，我没有看到这里有个坑，就掉进来了。
原来是一支望远镜啊。
果然，你把望远镜的两个镜片都摔丢了。
啊，是吗？我没注意到……
用了这么久，都不知道望远镜里有两个玻璃镜片吗？
普通的望远镜中，都会有两个透明的镜片。用来对准远处的一片是凸透镜，用来对准眼睛的一片是凹透镜。
什么是凸透镜、凹透镜？我都听糊涂了。
嗷？

双凸透镜
平凸透镜
弯月形凸透镜
凸透镜是一种四周薄、中间厚的镜片。
虽然形态不尽相同，但它们都是凸透镜。
当光线穿透玻璃时，会发生折射。由于凸透镜形态特殊，它会使光线弯曲，让光向中心折射。也就是说，在合适的距离中，凸透镜把大的物体缩小了。
大
不对，我用“千里眼”看到的东西，明明是被放大过的呀！

听我说完嘛。光线穿过凸透镜以后，就会来到凹透镜面前。
凹透镜又是什么啊？
和凸透镜不同，凹透镜是一种两边厚、中间薄的镜片。
凹透镜既能折射出放大的像，也能折射出缩小的像。在望远镜中，人们只利用了凹透镜放大影像的功能。

江湖往事

明朝末期，许多先进的仪器都从西方传入了中国，为我国本土科学家研究光学和天文历法提供了一定的帮助。明朝崇祯年间，科学家徐光启第一次尝试使用望远镜观察日食，并做出了详细的记录。我们可以推断，当时的人们对于凸透镜折射规律的认识已经比较全面了。

光学演武堂
实验篇
凸透镜是一块神奇的玻璃，你们想不想拥有一块自己的凸透镜呢？
水做的凸透镜
准备一个表面光滑的透明塑料瓶，在里面装满水；把塑料瓶横置在桌上。把一张画放到塑料瓶后方，前后左右移动一下。
观察一下，塑料瓶后面的画像有什么变化？

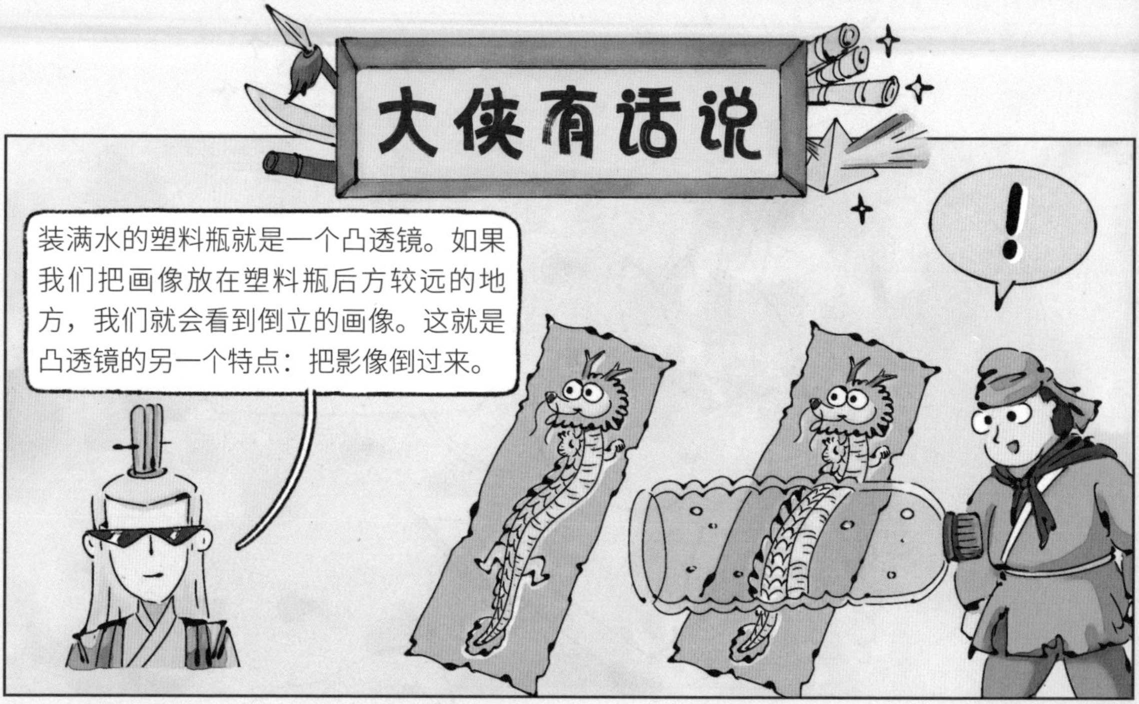

大侠有话说

装满水的塑料瓶就是一个凸透镜。如果我们把画像放在塑料瓶后方较远的地方，我们就会看到倒立的画像。这就是凸透镜的另一个特点：把影像倒过来。

！

凸透镜简历

能力 1

能力 2

我们已经知道，当一束平行的光线穿过凸透镜时，光线会发生偏折。当凸透镜离物体较远时，会投射出倒立、缩小的像。

但是，当凸透镜离物体很近时，就会投射出正立、放大的像。

凸透镜给我们的生活带来便利

成果 1

成果 2

其实，我们的眼睛里就藏着一个凸透镜，它的名字叫作晶状体。
晶状体通过调节自己的薄厚，让光线落在视网膜上。虽然落在视网膜上的是倒立的影像，但是，视网膜上的神经会帮助大脑把影像正过来。
收到影像了吗?
收到了，正在调整!
晶状体具有弹性，是一个随时可以变胖、变瘦的凸透镜。当你看远方的物体时，晶状体会变薄；当你看近处的物体时，晶状体会变厚。

得了“近视眼”，只能戴眼镜了。

近视眼镜是由凹透镜制成的，凹透镜可以帮助晶状体准确地把光线折射到视网膜上，帮人清晰地看到远方的物体。

光学心法

1. 凸透镜对光线有汇聚作用，在特定的距离中，可以形成倒立、缩小的像。
2. 凹透镜对光线有发散作用，在特定的距离中，可以形成正立、放大的像。
3. 人眼中的凸透镜叫作晶状体。
4. 凹透镜可以用来矫正近视。

呼呼呼～
这孩子怎么睡在这里了？

醒醒。

哎呀！睡过头了！
这小孩怎么一惊一乍的？

星星呢？星星呢？跑哪儿去了？
星象图？你在观星吗？

浑仪是浑天仪的组成部分之一，是古人用来测量天体位置移动变化的仪器。

浑仪

先用内圈的窥管对准天上的星星，再读出刻在外圈上的数据，就能知道星星每天走了多远！

厉害啊。看来是
我小看你了。
嘻嘻，也没有那
么厉害啦……

你为什么要学
观星呢？
今天是七夕，我娘说，
牛郎和织女每年的今天都
会在鹊桥上见面……

我想看看那座鹊桥会
不会被大水牛踩坏！
呃……

不要胡思乱想了。牛郎织女只是一个
传说，而且牛郎星和织女星的距离有
16 光年，就算他们真的存在，也根本
不可能一年见一次面。
16 光年
光年？发光
的年糕吗？

光年，是光在宇宙中传播一年的距离。

光年和米、千米一样，是表示距离长短的单位。

世界上跑得最快的人，一年可以跑 32 万千米，相当于绕地球 8 圈。

世界上跑得最快的动物，一年可以跑 160 万千米，相当于绕地球 40 圈。

嗖——！

天上的人造卫星跑得更快，一天就可以绕地球 16 圈。

江湖往事

在古代，人们发明了各种天文仪器来记录时间、观测星象，致力于为广大劳动人民提供准确的时间表和节气表来辅助农耕事业。这些仪器中，大部分利用了光学原理。比如，日晷通过立柱影子的位置移动来计算太阳时；圭表通过测量日影的长短来测定冬至时和夏至时；浑天仪则利用光沿直线传播的原理来记录星象位置，准确测量回归年的时长。

光学演武堂
实验篇
光可是既神秘又害羞的大神，只有仔细寻找，才能找到它的痕迹。你们也想见它吗？可要跟紧我呀！
光的“足迹”
在透明的玻璃杯中装入清水，用激光笔照射杯壁，水杯中有什么变化吗？
再向水中滴入八九滴牛奶，用激光笔照射杯壁，仔细观察，杯中留下了什么样的痕迹？

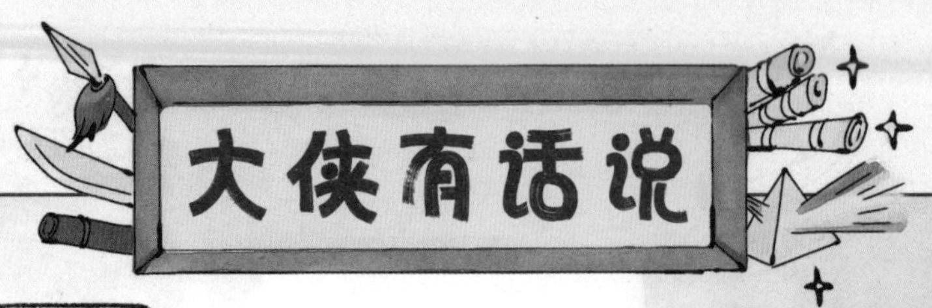

第一个发现这个现象的人是约翰·丁达尔，所以，这种现象就叫作“丁达尔效应”。

在雾蒙蒙的天气中，阳光透过树荫投下一道道清晰的光束，这就是自然界中的“丁达尔效应”。

什么都看不见……

自然界中的水雾、粉尘，除了会产生丁达尔效应外，还会给天文学家的观测工作带来困难。

光学心法

1. 浑仪是浑天仪的组成部分之一，是古人用来测量天体位置移动变化的仪器。
2. 光年指的是光在宇宙传播一年的距离。
3. 光的速度约为每秒30万千米。
4. 丁达尔效应可以让人看清光的传播路线。

今天傍晚，我路过一家图书馆，门口有两个少年正在为一个学术观点争吵。一个人读了英国科学家牛顿的专著，认为光的本质是物质微粒；另一个人读了荷兰科学家惠更斯的文章，认为光是一种波。两个人争得热火朝天，几乎要大打出手。作为一个路人，我很欣赏他们这种为真理而战的精神，但是作为一个光学学者，我只能很遗憾地告诉他们，以上两个观点都是不完善的。

光到底是粒子还是波？从 16 世纪起，地球上的科学家们为了这个问题的答案，探索了近三百多年的时间，牛顿和惠更斯只是其中的两个代表人物而已。我告诉这两个少年，这个问题之所以困扰大家这么久，是因为光既具有波的特性，又具有粒子的特性。

有趣的是，他们听了我的解释，还以为我在“和稀泥”，完全不想搭理我。我只能把这部分知识重新给他们讲了一遍。

19 世纪初期，人们在实验中观察到了光的干涉现象，证明了光在运动中是波动前进的。但是，在 19 世纪末期，人们又发现光可以“点亮”金属上的电子，证明了光是由一颗颗粒子组成的。

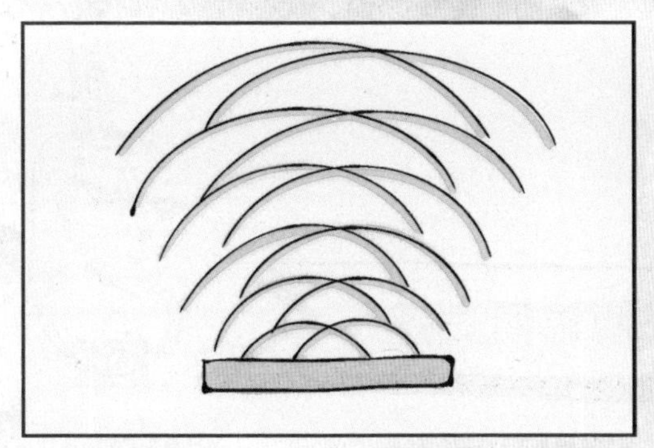

两列相同的光波如果“撞”到了一起，就会分散出很多小波纹，像叠罗汉一样叠在一起，这就叫光波的干涉。第一个做出这个实验的人是托马斯·杨，这个实验叫作“杨氏双缝干涉实验”。

用一束光照射在两个距离很近的铜球上，铜球之间竟然迸出了火花。这就说明，有真实存在的光粒子把金属铜上面的电子“赶”了出来。这个实验叫作光电效应实验，第一个做出这个实验的人是赫兹。

直到 20 世纪初，德国科学家爱因斯坦完善了光的量子学说，把光视作世界上最小的物质单位——量子，小到没有重量，也没有形状。当光连续不断地向前传播的时候，光就是波动的；但是，光同样可以像子弹头一样被一颗一颗地射出去，这时候光就是粒子。量子学说综合了光的波动性质和粒子性质，这就叫作“光的波粒二象性”——简单地说，就是光是由粒子组成的波。人们把组成光的粒子叫作“光子”，“光子”组成的波叫作“光波”。

讲清楚了光的本质，天已经完全黑了，好在这两位小友已经握手言和。也许在不久的将来，这两个少年可以为量子学说带来新的突破呢。

前几天，我参加了一个先进科技博览会，听人们议论说现在发明出了量子U盘。乍一听这四个字，我还以为和量子内衣、量子内裤一样是什么骗人的把戏，可是，一同参加博览会的一位光学博士却告诉我，量子U盘的研究确实已经取得了重大的突破。我感到十分好奇，便跟随这位研究员来到了光学研究所一探究竟。

在研究所，这位博士向我展示了量子U盘的核心技术——光储存。这位博士竟然可以把一束长度为600米、速度为每小时30万千米的光“封印”到一枚比硬币还薄的晶体中，而且，这束光可以在晶体中保存一个小时，并能够被完好无损地取出来。要知道，一束光一秒内就可以绕地球七圈，想要抓住光，还要把它“关起来”，谈何容易呢？

博士向我解释道，想要抓住光，首先就需要让光速慢下来。

想象一下，如果一条跑道上什么都没有，那么运动员就可以跑得非常快，可是如果在跑道上放满了“绊脚石”，那么运动员肯定就跑不动了。科学家们正是利用这一原理，通过人工调控光的传播介质，在光的传播路径中铺满了“绊脚石”，光走不快，也就更容易被抓住了。

接下来的一步，就是在晶体中编织一张“渔网”。晶体中存在一种特殊的原子，这种原子一旦遇到光，就会变成光的“小跟班”，不让光离开，这样，光就只能留在晶体中了。

亲眼看到这项技术以后，我才真正相信了量子 U 盘可以成为现实。量子 U 盘对于使用技术有较高的要求，如果把它运用到军事领域，那么信息安全性是远远高于普通 U 盘的。当然，目前的技术只能把光储存一小时，所以这项技术还并不完善，需要科学家们继续研究下去。期待量子 U 盘真正发明出来的那一天，到时候我会再来地球学习的！

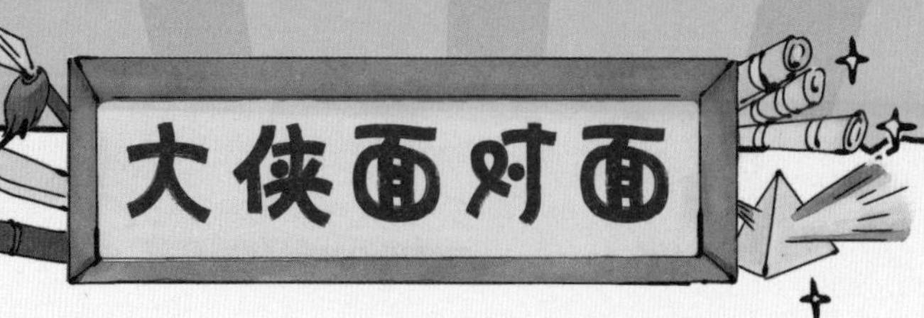

光路图就是把光的传播路线绘制成图，可以帮助同学们理解光的反射定律。

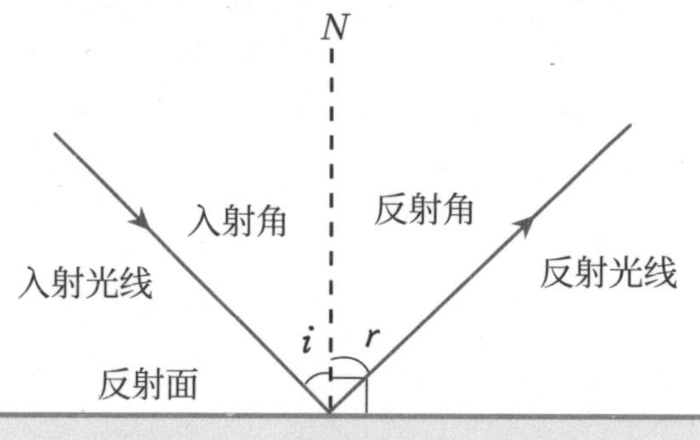

经过入射点 O 并垂直于反射面的直线 ON 叫作法线，入射光线与法线的夹角 i 叫作入射角，反射光线与法线的夹角 r 叫作反射角。

在反射现象中，反射光线、入射光线和法线都在同一平面内；反射光线、入射光线分别位于法线两侧；反射角等于入射角。

这就是光的反射定律。

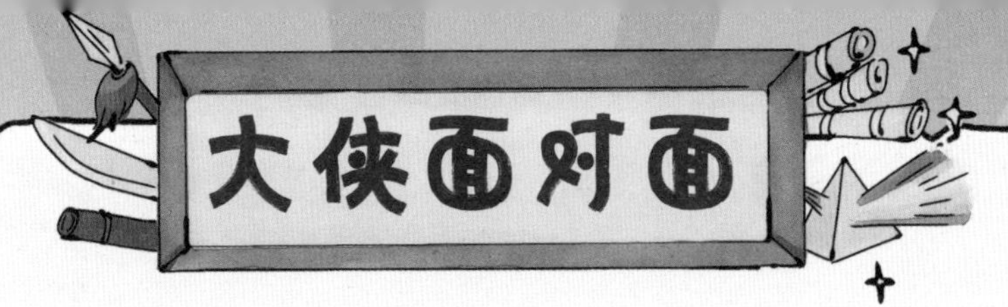

交通信号灯的颜色为什么是红、绿色？

从小我们就知道，在马路上行走时要遵守“红灯停、绿灯行”的规则，可是你知道为什么红灯代表停止、绿灯代表前行吗？这就要从光的颜色和波长说起了。

光是以波的形式向前运动的，红、橙、黄、绿、蓝、靛、紫这七种不同颜色的光，都拥有自己的专属光波。其中，红色光的波长最长，穿透力也最强。如果汽车在马路上行驶的时候遇到了坏天气，只有红光才可以穿透重重雨雪和大雾，向远方的车辆传递停止的信号。你可以留意一下，马路上随处可见红色的灯光：汽车尾部的刹车灯、道路维修时的指示灯……这些红灯都可以起到提醒车辆减速慢行或停止前进的作用，可以避免交通事故的发生。

那么，是不是绿色光的波长是最短的呢？答案是否定的。实际上，绿光的波长是远远高于青、蓝、紫三种颜色的。但是，因为绿光和红光的颜色反差最大，所以更适合用来做信号灯。

另外，在大自然中，红色也是一种警觉、危险的示意，一些含有剧毒的动植物，如毒蝇伞蘑菇、红斑蛇、红带箭毒蛙等，身上都带着明显的红色斑纹，可以吓退那些想要攻击或者吃掉它们的敌人；而绿色则代表平和、放松，可以使人心情愉悦。

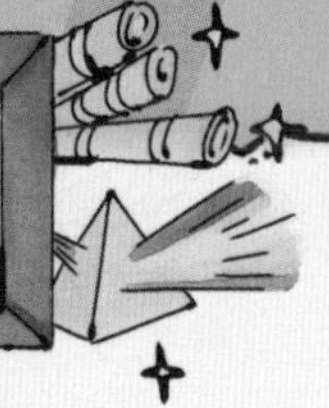

大侠面对面

为什么激光能照那么远？

激光是一种特殊的光，因为它受过“专业训练”，所以它的“功夫”要比普通的光高很多。

光是由光子组成的波，普通光的光子是一群喜欢乱跑乱蹦的小朋友，它们想去哪里就去哪里，所以普通光照射的范围很大，也很分散。就像烛光和灯光，当我们点亮一支蜡烛或者打开一盏灯的时候，光子自由地跑到了房间的各个角落，所以整个房间都会变得明亮起来。

可是，激光就不一样了。激光中的光子在正式“出发”以前，都会路过一间“健身房”，在这间“健身房”中，光子们迅速变大、变强，然后排着整齐的队伍、迈着一致的步伐，一起向目的地进发。所以，虽然激光打在墙上的光斑看上去很小，但是却能“冲”很远，亮度也很高，这是因为光子都向着同一个点出发，绝不乱跑。

小到逗猫的激光笔，大到测量地月距离的激光发射器，激光已经运用到了生活中的各个领域。未来，激光还会在武器、医疗、工业等各个领域大展身手，为我们带来更多的便利。

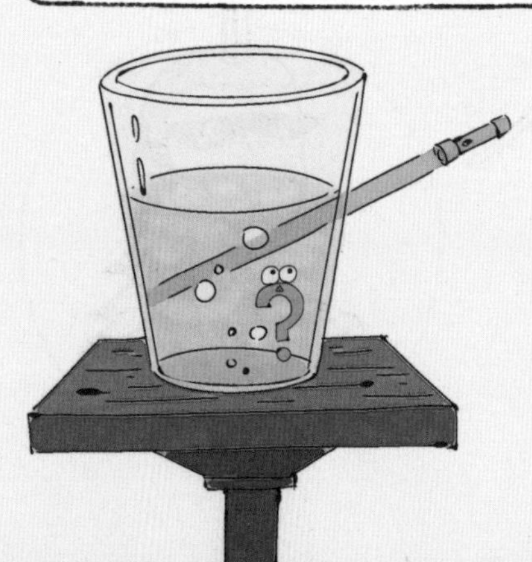

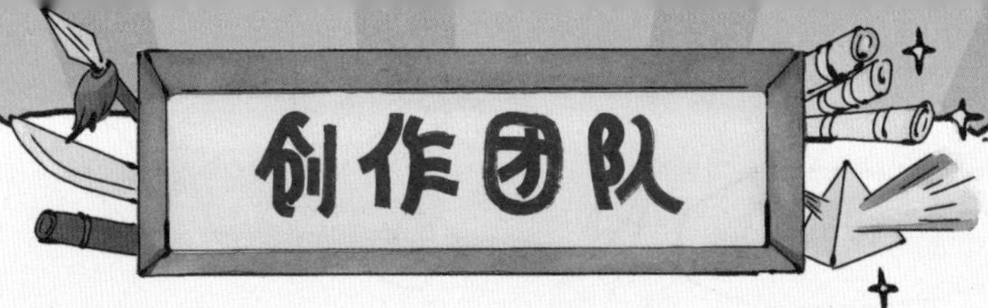

米莱童书

米莱童书是由国内多位资深童书编辑、插画家组成的原创童书研发平台。旗下作品曾获得 2019 年度“中国好书”，2019、2020 年度“桂冠童书”等荣誉；创作内容多次入选“原动力”中国原创动漫出版扶持计划。作为中国新闻出版业科技与标准重点实验室（跨领域综合方向）授牌的中国青少年科普内容研发与推广基地，米莱童书一贯致力于对传统童书进行内容与形式的升级迭代，开发一流原创童书作品，适应当代中国家庭更高的阅读与学习需求。

致 谢： 感谢刘树勇、白欣二位老师编著的《中国古代物理学史》（首都师范大学出版社），为我们展现了一个清晰、科学的古代学术世界。

策 划 人： 刘润东　魏诺

原创编辑： 王曼卿　王佩　张秀婷

漫画绘制： Studio Yufo

专业审稿： 北京市赵登禹学校物理教师　张雪娣

装帧设计： 张立佳　刘雅宁

祝你旅途愉快！
接下来就看我的了！

米莱童书 著/绘

北京理工大学出版社
BEIJING INSTITUTE OF TECHNOLOGY PRESS

图书在版编目（CIP）数据

物理江湖：给孩子的物理通关秘籍 / 米莱童书著绘
. -- 北京：北京理工大学出版社，2022.7（2025.3重印）
ISBN 978-7-5763-1313-0

Ⅰ. ①物… Ⅱ. ①米… Ⅲ. ①物理学－儿童读物
Ⅳ. ① 04-49

中国版本图书馆 CIP 数据核字 (2022) 第 076498 号

出版发行 / 北京理工大学出版社有限责任公司
社　　址 / 北京市丰台区四合庄路 6 号
邮　　编 / 100070
电　　话 /（010）82563891（童书出版中心）
经　　销 / 全国各地新华书店
印　　刷 / 雅迪云印（天津）科技有限公司
开　　本 / 710 毫米 × 1000 毫米　1/16
印　　张 / 20
字　　数 / 500 千字
版　　次 / 2022 年 7 月第 1 版　2025 年 3 月第 16 次印刷
定　　价 / 200.00 元（共 5 册）

责任编辑 / 王玲玲
文案编辑 / 王玲玲
责任校对 / 刘亚男
责任印制 / 王美丽

序

大家都知道，一个苹果掉在了牛顿的头上，让牛顿发现了万有引力。可是你知道吗？早在战国时期，《墨子》中就提到“重之谓下，与重，奋也”，他发现万物都受到一个向下的力的作用，只有向上用力，才能对抗向下的力量。西方世界对物理学的研究和认识更成体系、更为深入，同时又有众多改变人类发展进程的厉害发明，这就让大家普遍认为，中国的物理学研究起步晚，较为落后，其实这样的理解是片面的。中国古人对声、光、力、热、电等的研究，在古籍中多有记载，并且多以工具的形式造福中华民族数千年，指导着人们的生活和劳作。中国人民的勤劳和智慧，不能说没有中国古人对物理学研究的功劳。

你手中的这套《物理江湖》，不仅把物理学的最基本的知识清楚明了地用漫画的形式讲述给你，而且故事的发生不是在实验室，不是在遥远的西方世界，是在中国，是在你熟悉的成语故事里，是在你每天背诵的古诗古文里，是在你听过的琵琶曲里，是在你看过的皮影戏里，是我们误以为对物理学的认知和研究都很落后的中国古代。这套书的编著者在中国古籍、古文中发现了中国古人对基础物理的研究成果和看待物理现象的不同视角，让读者对物理的理解更多元，更多发现它的现实价值。

声、光、力、热、电这五大主题，涵盖了物理学的基本知识体系，让你对物理的认识不停留于对概念的简单认知，而是它们的深层内涵和相互间的关系。你不仅能从中获得丰硕的物理学知识，丰富你的想象力，启发你的灵感和直觉，而且能提高你的类比和推理能力。此外，书中有层次、有体系的物理学知识，加上中国文化元素和你们喜欢的江湖剧情，以及便捷可得的有趣小实验，一定会让你爱上物理，更好地了解物理对我们生活和文化的影响。

中国工程院院士、著名物理学家

周立伟

于北京理工大学

声
力
光
热
电
传说宇宙中有一颗神秘的星球，叫作“物理江湖”。江湖上住着一群知识渊博的侠客，他们奔波在宇宙的各个角落，游历古今、行侠仗义，用物理知识为人们排忧解难。
力

我是力大侠，住在物理江湖的力学大陆上。我有一只神奇的手臂，可以变化出各种工具，帮大家干活。
为了让大家了解力学的奥秘，我带着一份“任务清单”来到了地球，我将按照清单上的指示，开启我的旅程……
力大侠
力大侠的任务清单
力拔山兮气盖世 06
为什么水往低处流 14
称象的故事 22
惯性的力量 30
会挽雕弓如满月 38
撬起地球的力量 46
力大侠的旅行手记 56
大侠面对面 60
滑板车
我是力大侠的助手，我将和力大侠一起为大家提供帮助。

力拔山兮气盖世
骑上我心爱的滑板车~
走多远都不嫌多~
我天生神力，一只手就
能把这个鼎拿出来！
我是神仙下凡，我不用手
就能把这个鼎拿出来！
我的天呐，
这牛皮吹的！
你骗人，看我的吧！

噗，你不行吧。

你是嫌它埋得太浅吗……

都怪你，你在这里笑话我，我才拿不动这个鼎的！
喂，你自己用力的方向都不对，这怎么能怪我呢？

小兄弟，力气可不是随随便便用的，如果用得不对，那么只能是白费力气了。
嗯……
我不太明白……

无论是扛麻袋还是捏泥人，都是力在背后帮忙。
在物理学中，我们把力解释为“物体对物体的作用”。

力有大有小，做不同的事情，需要用到的力也不一样大。

五十斤 大米

斤 小狗

一两 鸡蛋

只有力足够大，才能举起很重的物体。

如果你想要移动一个很重的物体，除了要力气大，还要注意用力的方向。这口鼎在土地下面，要往上提才可以啊。

哈哈哈，这是什么神仙下凡呀！
啊啊啊
吹牛神仙吧！哈哈哈！
咦，我明明梦见我学会了法术的……

力的作用位置叫作“作用点”。
作用点
作用点

江湖往事

关于力的作用点的重要性，西汉年间的《淮南子》中有过相关记载。书中写道：周长一米左右的纤细木柱可以支撑重达千钧的房屋，五寸大小的门闩可以控制大门的开合，这是因为它们都处在重要的位置上。从力学角度解读，古人已经了解到在不同位置上用力可以取得不同的效果，但是这个阶段的研究比较具象，并没有总结形成抽象的、宏观的学术观点。

力学演武堂
实验篇
“金鸡独立”可是力大侠的独门绝招，只有精通力学知识的人才能参透其中的奥秘。你们快来试试吧！

金鸡独立
想要成为绝世高手，必须有绝妙的平衡能力。试试看，这个金鸡独立的招数你能不能做到呀？这个招数是不是很难掌握平衡呢？
单腿着地，身体后仰

那么，这样试试看呢？
为什么一个人做不到的动作，两个人却可以同时做到呢？

大侠有话说
力的作用是相互的。
当你一拳打到沙包上时，你就对沙包施加了一个力。
力
可是，打完以后，你会觉得自己的手也有痛感，这就是因为沙包也对你施加了同样大小的力。
所以，两个人同时做金鸡独立的动作并达到平衡时，在水平方向上分别受到一对大小相等、方向相反、作用在同一条直线上的力。这就是作用力和反作用力。

力学心法

1. 大小、方向、作用点，是力的三要素。
2. 作用力和反作用力总是同时产生、同时消失，并且作用在不同的两个物体上。
3. 相互作用的两个物体之间的作用力和反作用力总是大小相等、方向相反，并且作用在同一条直线上。这就是牛顿第三定律。

为什么水往低处流

日照香炉生紫烟，遥看瀑布挂前川……果然还是从远处看更壮观！
飞流直下三千尺，疑是银河落九天！
欸？哪里来的声音？

哎呀！
嘎嘣！

哇，地上怎么这么软？

因为你摔到我肚子上了……
嘿嘿，不好意思，不好意思……

你到那么高的地方去干什么？太危险啦。
我听先生说，会念诗的都是“高人”，我也要做高人，所以我要到高处去念诗！
才不是呢！我刚刚才想到一个非常好的诗句！
人家是学问高，你只是屁股高……

我要把“飞流直下三千尺”改成“飞流直上三千尺”，这样听起来多霸气！
可是……水是从高处往低处流的啊。

喊，天下的瀑布那么多，总会有一个“飞流直上”吧？
怎么可能。世间万物都是从上往下落的，这是引力和重力造成的。
引力是什么？重力又是什么？
世间万物都有引力，引力能够使物体相互靠近。
我们之间也有引力。

引力有的大，有的小。引力的大小和物体的质量有关，也和物体之间的距离有关。

物质→物体→质量

世界上的所有东西，都是由“物质”构成的。每个物体中的“物质”多少，就叫作质量。

我没听懂唉。

简单点说吧，把一个物体放到秤上称一下，它有多沉，它的质量就是多少。

200g

90kg

这么说我就懂了。

质量的常用单位是克（g）和千克（kg）

质量越大、距离越近的物体，引力就越大。比如地球，就可以让空气、水、土壤还有生物都紧紧围绕在自己身边。

月球

引力

你抱太紧啦！

引力就像一根看不见的绳子，让月球始终围绕地球转动。

所以，天上的雨雪会落到地上，树上的苹果也会落到地上，瀑布里的水也就一定是“飞流直下”啦。

引力

可是，重力的大小并不是一成不变的。在不同的地方，重力的大小也不相同。

江湖往事

中国古人对于重力的认识，与劳动生产紧密相关。在甲骨文中，『力』字象征人用农具翻土，所以只有『用力』才能克服身体上的『阻力』。但是，这个『阻力』从何而来，却没有人进行研究。直到战国初期，《墨子》中才提到『重之谓下，与重，奋也』，明确提出了方向向下的重力会阻碍身体动作，想要对抗重力（与重），必须向上用力（奋）。

力学演武堂

思考篇

谁的速度快？

质量不同的两个物体同时从高处落下，谁会先到地面呢？

高空抛物危险，请勿模仿！

传说在四百多年前，意大利科学家伽利略在比萨斜塔上，把一大一小两个铁球同时抛了下去。

伽利略

现代物理学之父

古希腊科学家亚里士多德认为“重的东西落地快，轻的东西落地慢”。在之后的近两千年中，很多人都把这句话奉为真理。

铁球比羽毛重，所以铁球先落地。

亚里士多德

就是我先落地！
就是我先落地！

嗯……？

伽利略

年轻的伽利略却认为这句话是错误的，他和学者们辩论，却招来了学者们的批评。

可伽利略的实验结果却证明，大铁球和小铁球是同时落地的。

同时

不应该是我先吗？

不应该是我先吗？

如果一个物体开始下落时是静止的，那么这个物体下落的过程就叫作“自由落体”。伽利略铁球实验的另外一个名字，就是“自由落体实验”。

牛顿是学了我的理论以后才研究出“万有引力”的！

伽利略

自由落体

在自由落体的过程中，两个铁球获得了相同的加速度，所以才会同时落地。

太快了吧！

冲啊！

那么，亚里士多德的实验是哪里出了问题呢？

力学心法

1. 万物都有引力，引力能够使物体相互靠近。
2. 引力的大小和物体的质量有关。
3. 引力的大小约等于重力的大小，重力的方向永远是竖直向下的。
4. “自由落体”需要满足两个条件：一是物体开始下落时是静止的，二是下落过程中没有受到阻力干扰。

这石子路真难走……咦，前面发生什么事了？

呜呜呜……它好可怜！不要杀它！

这……可是不把它杀掉的话，就不可能称出它的重量。

再给我一点时间吧，再让我想一想怎么称出它的重量，好不好？

曹冲

唉，好吧，过半个时辰我再回来。

唉，这孩子心肠真不错。

小象！我一定要救你！

小伙子，想知道它有多重
其实很简单，只要用上你身后
那艘船就好了啊。
啊……你是谁？

我是力大侠，所有和力有关
的问题我都能解决！
真的吗？你能
把船变成一个
大号的秤吗？

不需要，只要利用河水的浮力，
就可以知道小象的重量啦！
浮力？什么叫浮力？

落花顺着小溪漂浮，天鹅在湖面上戏
水，帆船在大海中航行……这都是浮
力的功劳。

浮力，一般指的是物体在液体中受到的竖直向上的力。任何一个物体落入水中，都会受到浮力的影响。
浮力
谁掉下来
我都托着！

让一让呗?
物体放入水中的时候，
会把水“挤走”。

让我进去！
我就不！
为了不被物体“挤走”，水会
用尽全身的力气奋起反抗。

当物体浮在水中且保持静止不动的时候，浮力的大小就等于物体重力的大小。
那怎么能知道浮力
的大小呢?

船会告诉你的！
啊?
问我，问我，我知道！

吃水深度 = 吃水深度

吃水深度

吃水深度

我们用这些石子把船填满，让船回到吃水深度，这样，船上的石子有多重，就等于小象有多重了，对不对？

哇，聪明！我都没想到！

江湖往事

这篇小故事改编自三国时期著名的故事——曹冲称象。其实，曹冲称象并不是古代中国唯一利用浮力原理测量物体重量的故事。早在春秋战国时期，燕昭王得到了一只大野猪，养了它很多年，野猪长得越来越大，燕昭王非常高兴，想知道它的重量，可是折断了很多秤杆也称不出大野猪的重量。于是，燕昭王命令仆人把大野猪放到了船上，用浮力得出了大野猪的重量。可见，古人对于浮力在生活中的应用已经有了一定的认识。

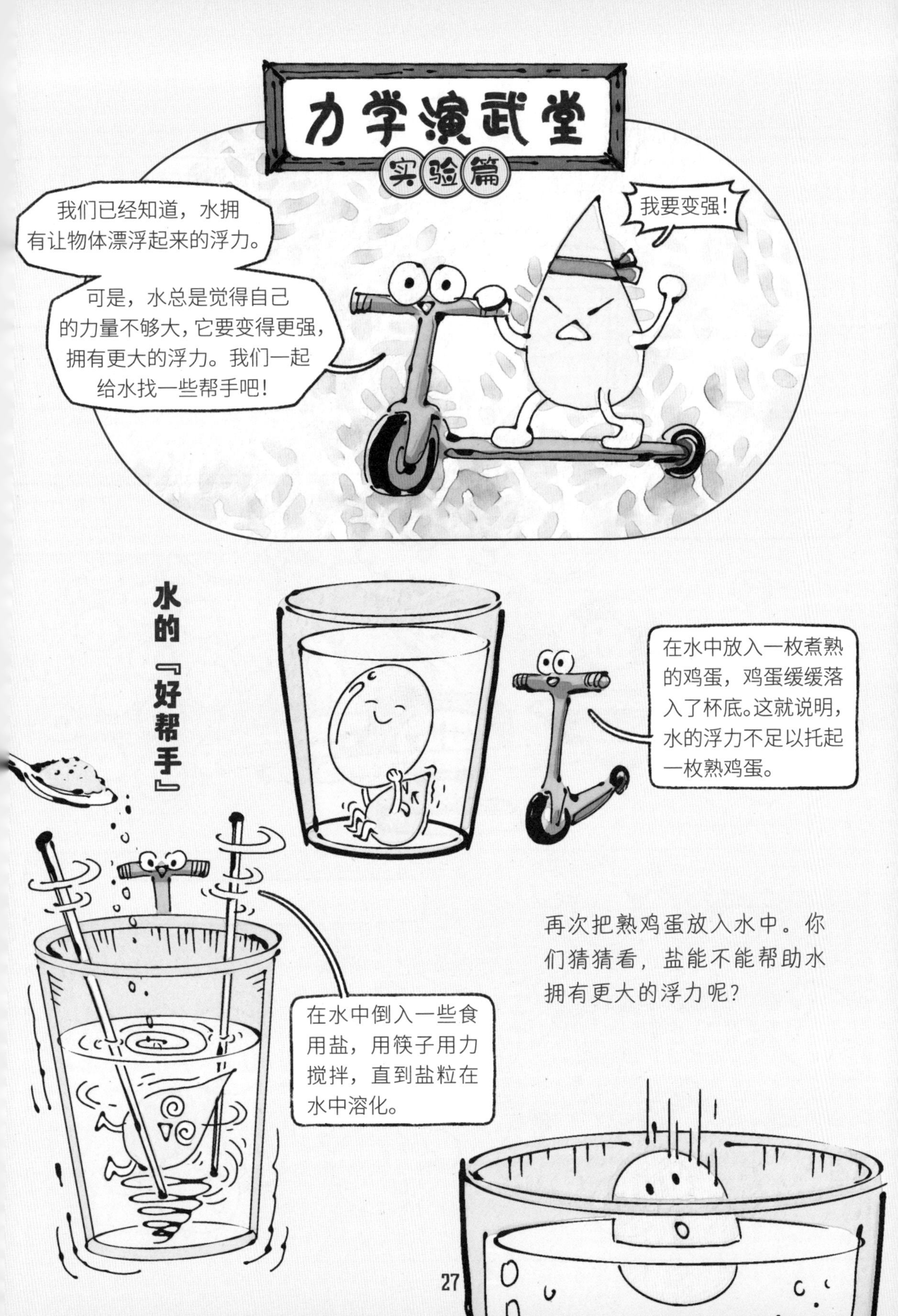
力学演武堂
实验篇
我们已经知道，水拥有让物体漂浮起来的浮力。
我要变强！
可是，水总是觉得自己的力量不够大，它要变得更强，拥有更大的浮力。我们一起给水找一些帮手吧！
水的『好帮手』
在水中放入一枚煮熟的鸡蛋，鸡蛋缓缓落入了杯底。这就说明，水的浮力不足以托起一枚熟鸡蛋。
在水中倒入一些食用盐，用筷子用力搅拌，直到盐粒在水中溶化。
再次把熟鸡蛋放入水中。你们猜猜看，盐能不能帮助水拥有更大的浮力呢？

大侠有话说
一杯普通的水不能托起熟鸡蛋，但是一杯加了盐的水却可以轻轻松松把熟鸡蛋托起来，这是因为液体的密度发生了改变。
世间万物都是由很小的微粒组成的，这种微粒一般称为“分子”。
西瓜和足球的外观看上去一样大，但是西瓜却比足球重，
就是因为西瓜内部的分子多，足球内部的分子少。
水也是由无数水分子组合而成的。

杯中没有加盐的时候，水的密度小，不能托起鸡蛋。

当我们往水中倒入食用盐以后，盐就和水分子挤在了一起。水里的分子变多了，这就叫作“密度变大了”。

让一让。

哎哟！

这样一来，盐和水形成了一个“浮力联盟”，它们的密度超过了鸡蛋，就可以轻而易举地把鸡蛋托起来了。

蛋

力学心法

1. 浮力指的是物体在液体中受到的竖直向上的力。
2. 浮力的大小和密度有关。液体的密度越大，或者物体的密度越小，浮力就越大。
3. 物体吃水越深，浮力越大。

咦，这里有一个工具铺！
我们去问问。

大叔！能帮我们修一下锤子吗？
啊？锤子还用修？

是呀，不管我用多大的力气往下按，锤子头总是会掉。

原来是这样啊。交给我吧！
咦？怎么会是这样的呢？

这个问题要从惯性说起。
惯性
每个人都有自己的习惯。
我习惯每天早上吃两个大包子。
我习惯每天晚上抱着小猫睡觉。
物体也有自己的“习惯”。保持原来的状态，就是物体的“习惯”。
不管是人、动物、植物，还是巨石、河流，都有这个“习惯”！
物体

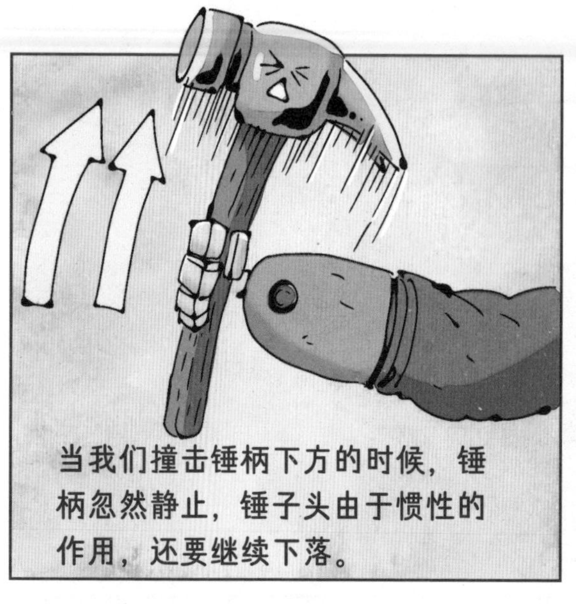

原来静止的物体将一直保持静止状态；原来运动的物体将保持其速度一直运动下去。这就是惯性。

速度的变化，会让惯性“失控”。

嗨！又又又是我！

匀速直线运动指的就是速度不变，不忽然变快，也不忽然变慢；运动方向也不变。

江湖往事

春秋时期的一本记录工艺技术的专业书籍《考工记》中有这样一段话：『马力既竭，辀（车）犹能一取焉。』意思是说，即便马停下了脚步，车还是会向前冲出一小段距离，这就是我国人民对于惯性较早的认识和记载。除此之外，一些思想家和小说家还会用『悬崖勒马收缰急』来比喻到了危急情况才采取补救措施，为时已晚的道理。

你来评评理，这把剑到底是不是被偷走的呢？

大侠有话说
故事中的人之所以找不到宝剑，是因为他选错了参照物。
当人们判断一个物体是静止还是运动的时候，总需要选择一个标准，这个标准就叫作参照物。
参照物
如果用河岸上的树做参照物，那么人就是运动的。
位置变化
树离我们越来越远了。
如果用河面上的船做参照物，那么人就是静止的。
我一直坐在船头。
我一直坐在船尾。

力学心法

1. 一切物体在没有受到力的作用时，总保持静止状态或匀速直线运动状态。
2. 物体有保持静止或匀速直线运动的“习惯”，这就叫惯性。
3. 当人们判断一个物体是静止还是运动的时候，总需要选择一个标准，这个标准就叫作参照物。

哇，这里的芦苇秆又长又直，最适合做箭杆了！
嗖
呃……不是吧……
再试试这一张弓……
小兄弟，箭可不能乱射啊！
哎呀，不好意思，我不是故意的。
你在这里做什么？
我想参加射箭比武，可是我爹不给我买弓箭，我只能自己做了。

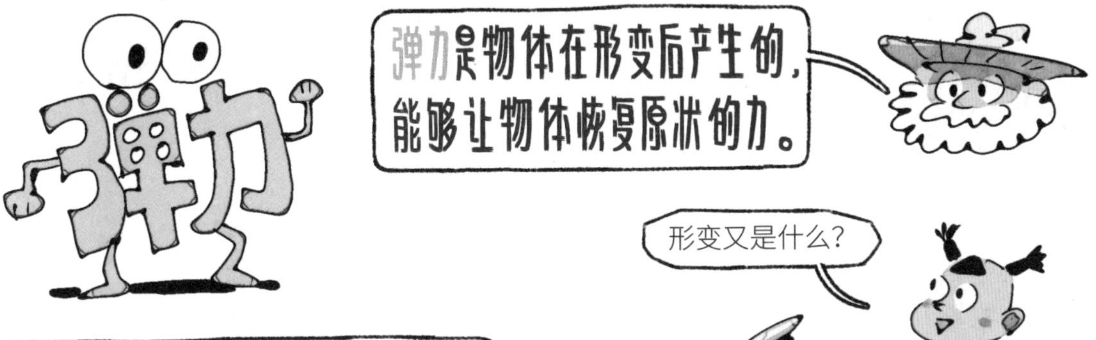

弹力

弹力是物体在形变后产生的，能够让物体恢复原来的力。

形变又是什么？

每一个物体的内部，都有一个属于自己的结构。只不过这种结构用肉眼是看不到的，得借助很精密的仪器才能看到。

物体都是由小小的“分子”组成的。在不受力的时候，物体内部的结构是稳定的。

站好了哈，别乱动。

好嘞！

当物体受到力的作用时，就会发生形状上的改变，这就是形变。
看我变身！
𠯿！
芦苇
你走太远了！我要抓不住你了！
别挤了！别挤了！
这时候，分子们的位置被迫发生了变化，一边被拉得越来越远，另一边被压得越来越密。
失去力的“控制”以后，物体还会自动恢复原状，这是因为分子们团结一致，产生了一种对抗外力的“力量”。

这就是弹力的来源。
哎哟！

那就是说，石头、木头这些不会发生形变的东西，就没有弹力了？
弹力

当然不是啦。在受到了力的作用时，所有物体都会发生形变，只不过有些物体的形变幅度很小，非常不易察觉。
是有人在掰我们吗？
不知道，可能吧。

那就是说，木头做的弓最结实，怎么拉都不会断，对不对？
可是如果外力太大，超过了物体能承受的弹性限度，分子们就彻底回不到原来的位置了，这就意味着这个物体就被彻底损坏了。
分别来得太突然！
再见了！

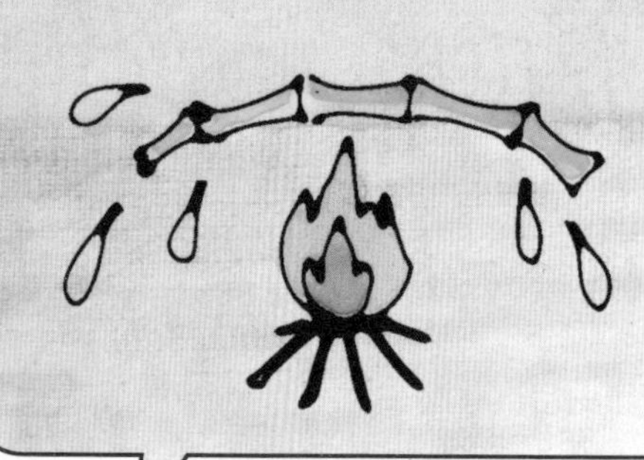

物体的弹力并不是一成不变的。通过烤火、水蒸等方式，可以让物体的弹力更大。

哇，那你可以帮我做一张弓吗?

江湖往事

在没有精密仪器的古代，人们是如何测量弓的弹力的呢？公元1637年（明朝崇祯十年）出版的《天工开物》中记载：『凡试弓力，以足踏弦就地，秤钩搭挂弓腰，弦满之时，推移秤锤所压，则知多少。』用杆秤勾着弓的正中间，然后用秤砣把弓弦拉满，就能知道拉开这张弓需要多大的力气了。

力学演武堂

实验篇

想让一辆静止的车运动起来，就需要动力。

可是，我有一个好办法，可以造一辆自己就能跑起来的小车，你们想不想学一下呢？

幽灵小车

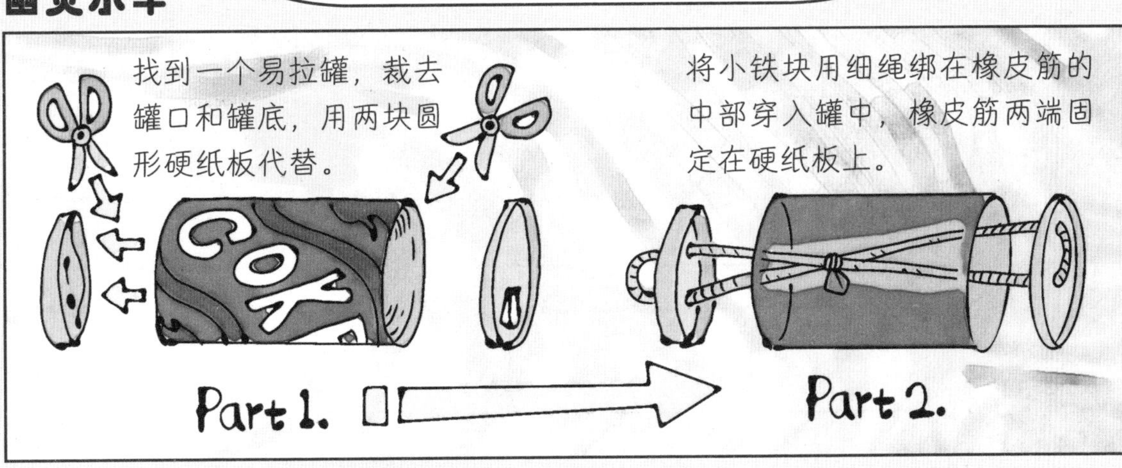

大侠有话说

易拉罐放在地上后，自己跑了起来。是谁让它跑起来的呢？

COKE

答案是“弹性势能”。

让易拉罐动起来的难道不是我橡皮筋吗？“弹性势能”又是什么东西？

弹性势能

只要是能干活、能做事的物体，身体中就具有能。

橡皮筋通过形变，产生了一部分弹力，还带动易拉罐向前移动了一段距离，所以我们就说橡皮筋具有弹性势能。

弹性势能

我就藏在橡皮筋的身体里！

力学心法

1. 弹力是物体在形变后产生的，能够让物体恢复原状的力。
2. 所有物体都会发生形变，只不过有些物体的形变幅度大，有些物体的形变幅度小。
3. 动能、重力势能和弹性势能是常见的能。它们之间可以互相转化。

撬起地球的力量

嘿咻、嘿咻……
这个孩子怎么在搬
这么大的石头？

小兄弟，你为什么要
在这里搬石头？
?

昨天下了一场好大
的雨，我家的房子被
冲塌了，我得搬些
石头重新垒房子。

可是你打算怎么做呢？
我想在石头下面放上木棍，这样
就可以把石头推走了。可是搬了这么
久，我都不能把石头搬起来。

这可不是吹牛，这叫作“杠杆原理”。让一根硬棒围绕一个固定的支点转动，就是一个最简单的杠杆。

杠杆的支点把木棒分成了两部分，从支点到动力一端的部分叫作“动力臂”，从支点到阻力一端的部分叫作“阻力臂”。只要有了这两条“手臂”，就可以撬动石头啦。

可是，杠杆也不会自己动，它是怎么帮我撬动石头的呢？

动力臂

支点

阻力臂

古希腊科学家阿基米德曾经说过，“给我一个支点，我可以撬起地球。”阿基米德意在用这种夸张的比喻，来表达杠杆原理的“威力”。

杠杆的两条“手臂”中，只有动力臂可以帮你，所以，动力臂比阻力臂长，才能省力。这就叫作“省力杠杆”。

哇！我真的把石头撬起来啦！

必胜！

相反，如果阻力臂比动力臂长，那么就要多花好几倍的力气才能抬动石头了。这种就叫作“费力杠杆”。

我们打不过它们的，别白费力气啦……

必胜！

谁会用这种费力杠杆啊。
费力杠杆也有费力杠杆的用处。船桨就是一个费力杠杆。因为船舱狭小，没有足够的空间容纳动力臂，所以只能多用力才能把船划起来。
那么，我经常玩的跷跷板，是不是杠杆呢？
当然了。跷跷板是一种“等臂杠杆”，它的动力臂和阻力臂是相等的，所以，当跷跷板保持平衡时，两边的力也一样大。
人们常用的天平也是一个等臂杠杆。如果想要知道某个物体的质量，就要让天平保持平衡。
我有 3 千克！
2千克
1千克

江湖往事

在中国国家博物馆中，收藏了两件战国时期的『铜衡』。这两件铜衡整体扁平，长相当于战国一尺，正中有鼻纽，可以悬吊使用，这就是早期的天平，也是我国古人对杠杆原理的应用之一。这种铜衡不需要砝码，只需要找到一个已知重量的物体挂在其中一端，通过计算两臂的长度比例，就可以称出另一端物体的重量。由此可见，我国人民早在战国时期就已经掌握了杠杆原理。

杠杆怎样能“飞天”？

如果从山坡上绕过去，要多走三个小时呢。

可是这样太危险了！

可以用刚刚学到的杠杆原理，我们两个用力在跳板上跳一下，把大石头弹上去！

想想看，还有其他办法可以把石头运上去吗？

大侠有话说

在平缓的地面上，可以使用杠杆来省力，可是如果需要把物体向上或向下移动，杠杆就出不上力了。
不哭……
我们要下岗了……

在这种情况下，我们可以邀请滑轮来帮我们解决问题！
在竖直方向上移动重物，是我的专长！
滑轮

滑轮是一种“进化”过的杠杆，当杠杆变得又圆又胖以后，就拥有了比杠杆更厉害的技能。
每一个滑轮都是由等臂杠杆“变身”来的。
变身！

杠杆和支点是分不开的一对伙伴，滑轮也有自己的伙伴，就是绳子。
我的身体周围有一个凹槽，通过绳子和凹槽的摩擦，我就可以转起来，带动物体上下移动。
可是还是好重！一点都不省力啊！
你忘了吗？滑轮是由等臂杠杆“变身”来的，所以滑轮本来就不省力呀。
我要飞得更高！
虽然我不能省力，但是却可以改变力的方向。这样石头就能“飞起来”啦。
由于杠杆的体积太大，所以只能在平地上小范围移动；但滑轮却非常小而轻便，所以适用于各种地形。
山地
斜面
平地
平地

吹得天花乱坠的，那又怎么样？你不能省力，还是要输给我的！

省力

谁说我们不能省力？

当两个滑轮组合到一起以后，就变成了滑轮组，滑轮组也是省力专家。

省力专家

滑轮组由“定滑轮”和“动滑轮”组成。

定滑轮

动滑轮

固定不动的滑轮是定滑轮，随着物体上下移动的滑轮是动滑轮。

力学心法

1. 让一根硬棒围绕一个固定的支点转动，就是一个最简单的杠杆。杠杆分为等臂杠杆、省力杠杆和费力杠杆。

2. 滑轮是变形的杠杆，定滑轮可以改变力的方向，动滑轮可以省力。

今天，我乘坐的飞机遇到了强大的气流，颠簸中，飞机上的许多孩子都被吓哭了。为了安抚他们，我在机舱中临时开了一个小型的“空中讲座”，来吸引他们的注意力。

飞机这种重达几十吨的庞然大物能够轻松地飞上蓝天，一方面要依靠发动机提供的强大动力，另一方面要依靠空气提供的向上的升力。

飞机起飞的时候，发动机会持续向后释放强大的推力，利用反作用力带动飞机向前“冲锋”。当速度足够快以后，飞机会调整机翼的角度，利用空气的升力飞上天空。

如果你观察得足够仔细，就会发现机翼的形状不是扁平的，而是流线形的。这样的设计可不是为了美观好看，而是为了配合空气，帮助飞机稳定升空。

机翼上方的空气翻越了一个“小山坡”，所以走得快，力量就弱；可是机翼下方的空气却可以慢慢通过，力量更大。这样一来，下方的空气就可以稳稳地把飞机托起来了。

不过，空气不可能永远平稳地流通。受到天气、温度的影响，空气中会产生“乱流”。乱流就像是一股自由自在的风，想往上刮就往上刮，想往下刮就往下刮，所以，飞机在乱流中才会上下颠簸。

不过，飞机穿过空气乱流，就像汽车驶过不平整的路面一样，是每天都会遇到的问题。迄今为止，几乎没有严重的空难是由乱流造成的。所以，遇到飞机颠簸时，只要听从乘务人员的指挥，收起小桌板，系好安全带，是不会受到伤害的。

听了我的解释，小朋友们都安静了下来，我也终于可以在座位上踏踏实实地睡个觉啦。

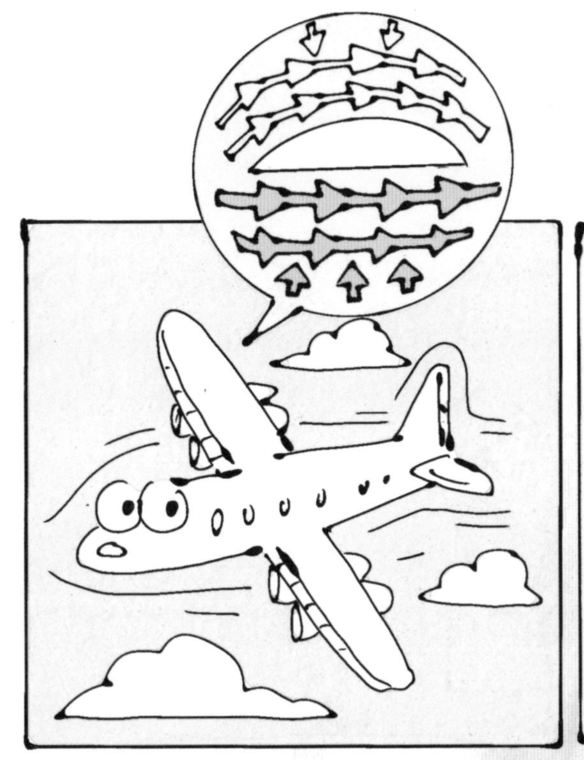

力大侠的旅行手记

挑战神秘的三大宇宙速度

干了这杯液体燃料，带你冲出地球！

我的好朋友在地球上的一家火箭研发基地上班，每天都能看见高大帅气的火箭，可把我羡慕坏了。今天，他发来邮件，邀请我去参观火箭操作间。这么好的机会，我当然不能错过啦。

在朋友的带领下，我进入了操作间，这里的工作人员正在对火箭进行发射前最终的检修工作。火箭真高啊，电视屏幕中玩具大小的火箭，在现实中竟然有20层楼那么高。站在它面前，我就像一只蚂蚁一样渺小。

朋友告诉我，如果把火箭看成一栋20层的大楼，那么其中有将近15层楼都是火箭的动力系统。想来，推动这样一个几百吨的大家伙冲出地球，没有持续的动力肯定是不行的。为了解决这个问题，科学家们选择了持续耐用的液体燃料。虽然这些燃料看起来像水一样冰冷，但是，一旦它们燃烧起来，一点也不输给传统的火药。

想要冲出地球，就得足够快。可是，究竟要有多快才可以呢？这就要谈到神秘的“三大宇宙速度了”。

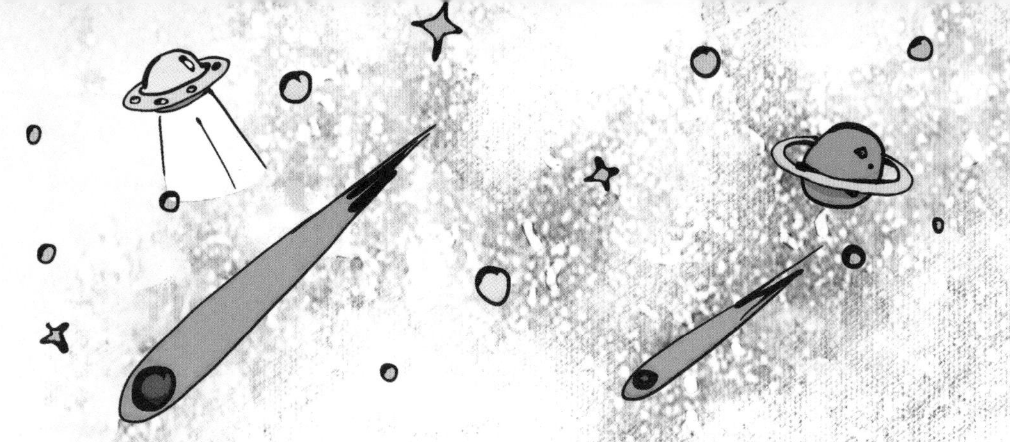

我们知道，世间万物都有引力。当我们在地球上时，地球的引力会牵引着我们，不让我们跳得太高、飞得太远。可是，地球的引力并不是不可战胜的，只要你足够快，地球引力就追不上你啦。早在三百多年前，英国科学家牛顿就通过实验得到了一个数据：想要离开地球表面，航天器的速度必须要达到每秒钟 7.9 千米。这是一个什么样的速度呢？假如你乘坐飞机从北京到上海，需要 2 个小时；可是如果乘坐火箭，只需要 2 分钟就到了！

用每秒钟 7.9 千米的速度离开地球表面，只是人类走向宇宙的第一步，所以，科学家们把它叫作第一宇宙速度。

那么，还有没有第二、第三宇宙速度呢？答案是肯定的。如果想要离开地月系，就得达到第二宇宙速度，也就是每秒钟 10.8 千米；如果想要离开太阳系，就得达到第三宇宙速度，也就是每秒钟 16.7 千米。不过，目前正在太空遨游的“旅行者一号”正在朝着太阳系的边缘进发，但如果想要完全离开太阳系，大约还需要两万年的时间。

参观结束，时间已经很晚很晚了。我和朋友并肩坐在基地的台阶上，看着漫天的星星思考：宇宙中，到底还隐藏着什么样的奥秘呢？

大侠面对面

什么是摩擦力？

摩擦力是非常常见的一种力，它藏在我们生活中的各个地方。不过，摩擦力有些“淘气”，是一种让人又爱又恨的力。

有时候，摩擦力会给你“捣乱”：在光滑的冰面上，摩擦力悄悄躲在一旁，不管你怎么用力，都不能在冰面上站稳；可是到了凹凸不平的马路上，摩擦力便会跟你“对着干”，即便你推着小车，也会觉得很费力。

可是，有时候摩擦力也会给你提供“帮助”：如果你向锈迹斑斑的自行车链条中滴上几滴润滑油，摩擦力就会减小，让自行车能够轻松地跑起来；当你踩下刹车，摩擦力就会增加，帮你稳稳地把车停住。

这就是摩擦力的特点：物体表面越光滑，摩擦力就越小；物体表面越粗糙，摩擦力就越大。

骑自行车捏闸的时候，虽然接触面不变，但车还是能停下来。这是因为物体间的压力增大了。所以，压力的变化也会影响摩擦力的大小。只要正确掌握摩擦力的特点，就可以让摩擦力乖乖听话啦。

大侠面对面

什么是压力？

当你没有在考试中取得好成绩，当你因为淘气被爸爸妈妈批评，当你和你的好朋友吵架了，你是不是会在心里大喊：我的压力好大啊！

不过，这些是生活中的压力，并不是物理学上的压力。在物理学中，当两个物体发生了接触并开始相互挤压时产生的力，才叫作压力。比如，你站在地面上，就对地面施加了压力；书本放在桌子上，就对桌面施加了压力。

不过，是不是压力越大，就越容易对物体造成破坏呢？这可不一定。不信的话，你可以试试：用很大的力气拍在桌子上，桌子毫发无损；可是如果拿起一枚图钉，轻轻松松就可以扎进桌面。这就说明，压力形成的效果是和物体之间的接触面大小有关的。

图钉对桌面的压力虽然不大，但是由于图钉十分尖锐，和桌子的接触面小，所以即便是很小的力气，也可以刺穿桌子；用手拍桌子的压力虽然很大，但是由于手掌和桌子的接触面大，所以不会把桌子拍坏。

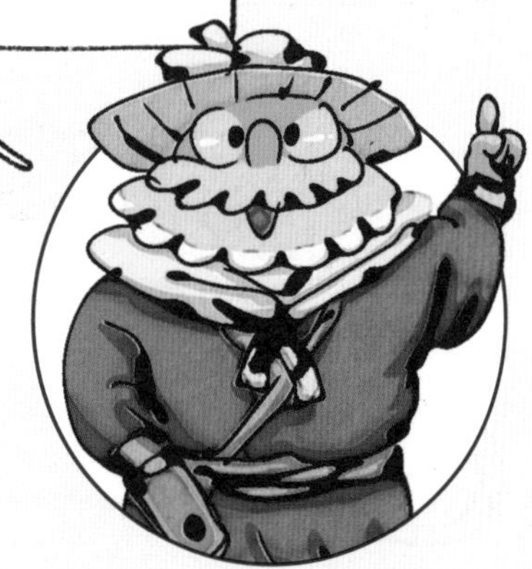

大侠面对面

科幻作品《流浪地球》中，带着地球一起"搬家"的方法可以实现吗？

在科幻作品《流浪地球》中，人们在地球表面安装了巨大的发动机，想要通过巨大的推力带着地球离开太阳系。这种超越想象力的科幻设定让读者、观众眼前一亮，但遗憾的是，从科学的角度来看，用发动机把地球推走这种方法是不可行的。

首先，从地球物理学的角度来看，地球的结构并不能承受被迅速推动带来的冲击。地球的内部存在大量的液体物质，也就是说，我们的地球并不是一个坚不可摧的大铁球。如果把地球比喻成一个鸡蛋，我们生活的陆地、海洋就是鸡蛋壳，液态层就是鸡蛋清，地核就是鸡蛋黄。想象一下，如果把一枚鸡蛋放进炮筒发射出去，还没出炮口，鸡蛋就碎掉了。所以，给地球安装发动机虽然是一个有趣的设定，却不可能成为现实。

那么，地球是不是永远被太阳的引力束缚住，不能逃脱呢？

许多科学家都曾严肃地思考过这个问题。在宇宙中，存在很多"流浪星球"，它们没有固定的运行轨道，自由自在地在宇宙中奔跑。科学家猜测，它们很有可能是在其他星体引力的影响下，逐步脱离了原来的轨道，才成为宇宙中的"流浪儿"。因此，我们也不能排除这种可能性：未来的某一天，地球和太阳挥手告别，向着更深、更远的地方进发，开启全新的探索。

创作团队

米莱童书

米莱童书是由国内多位资深童书编辑、插画家组成的原创童书研发平台。旗下作品曾获得 2019 年度“中国好书”，2019、2020 年度“桂冠童书”等荣誉；创作内容多次入选“原动力”中国原创动漫出版扶持计划。作为中国新闻出版业科技与标准重点实验室（跨领域综合方向）授牌的中国青少年科普内容研发与推广基地，米莱童书一贯致力于对传统童书进行内容与形式的升级迭代，开发一流原创童书作品，适应当代中国家庭更高的阅读与学习需求。

致 谢 ： 感谢刘树勇、白欣二位老师编著的《中国古代物理学史》（首都师范大学出版社），为我们展现了一个清晰、科学的古代学术世界。

策 划 人： 刘润东　魏诺

原创编辑： 王曼卿　王佩　张秀婷

漫画绘制： Studio Yufo

专业审稿： 北京市赵登禹学校物理教师　张雪娣

装帧设计： 张立佳　刘雅宁

祝你旅途愉快！
接下来就看我的了！

米莱童书 著/绘

北京理工大学出版社
BEIJING INSTITUTE OF TECHNOLOGY PRESS

图书在版编目（CIP）数据

物理江湖：给孩子的物理通关秘籍 / 米莱童书著绘 . -- 北京 : 北京理工大学出版社，2022.7（2025.3重印）

ISBN 978-7-5763-1313-0

Ⅰ. ①物… Ⅱ. ①米… Ⅲ. ①物理学－儿童读物 Ⅳ. ① 04-49

中国版本图书馆 CIP 数据核字 (2022) 第 076498 号

出版发行 / 北京理工大学出版社有限责任公司
社　　址 / 北京市丰台区四合庄路 6 号
邮　　编 / 100070
电　　话 /（010）82563891（童书出版中心）
经　　销 / 全国各地新华书店
印　　刷 / 雅迪云印（天津）科技有限公司
开　　本 / 710 毫米 × 1000 毫米　1/16
印　　张 / 20
字　　数 / 500 千字
版　　次 / 2022 年 7 月第 1 版　2025 年 3 月第 16 次印刷
定　　价 / 200.00 元（共 5 册）

责任编辑 / 王玲玲
文案编辑 / 王玲玲
责任校对 / 刘亚男
责任印制 / 王美丽

序

大家都知道，一个苹果掉在了牛顿的头上，让牛顿发现了万有引力。可是你知道吗？早在战国时期，《墨子》中就提到“重之谓下，与重，奋也”，他发现万物都受到一个向下的力的作用，只有向上用力，才能对抗向下的力量。西方世界对物理学的研究和认识更成体系、更为深入，同时又有众多改变人类发展进程的厉害发明，这就让大家普遍认为，中国的物理学研究起步晚，较为落后，其实这样的理解是片面的。中国古人对声、光、力、热、电等的研究，在古籍中多有记载，并且多以工具的形式造福中华民族数千年，指导着人们的生活和劳作。中国人民的勤劳和智慧，不能说没有中国古人对物理学研究的功劳。

你手中的这套《物理江湖》，不仅把物理学的最基本的知识清楚明了地用漫画的形式讲述给你，而且故事的发生不是在实验室，不是在遥远的西方世界，是在中国，是在你熟悉的成语故事里，是在你每天背诵的古诗古文里，是在你听过的琵琶曲里，是在你看过的皮影戏里，是我们误以为对物理学的认知和研究都很落后的中国古代。这套书的编著者在中国古籍、古文中发现了中国古人对基础物理的研究成果和看待物理现象的不同视角，让读者对物理的理解更多元，更多发现它的现实价值。

声、光、力、热、电这五大主题，涵盖了物理学的基本知识体系，让你对物理的认识不停留于对概念的简单认知，而是它们的深层内涵和相互间的关系。你不仅能从中获得丰硕的物理学知识，丰富你的想象力，启发你的灵感和直觉，而且能提高你的类比和推理能力。此外，书中有层次、有体系的物理学知识，加上中国文化元素和你们喜欢的江湖剧情，以及便捷可得的有趣小实验，一定会让你爱上物理，更好地了解物理对我们生活和文化的影响。

中国工程院院士、著名物理学家

周立伟

于北京理工大学

光
电
热
传说，宇宙中有一颗神秘的星球，叫作“物理江湖”。江湖上住着一群知识渊博的侠客，他们奔波在宇宙的各个角落，游历古今、行侠仗义，用物理知识为人们排忧解难。

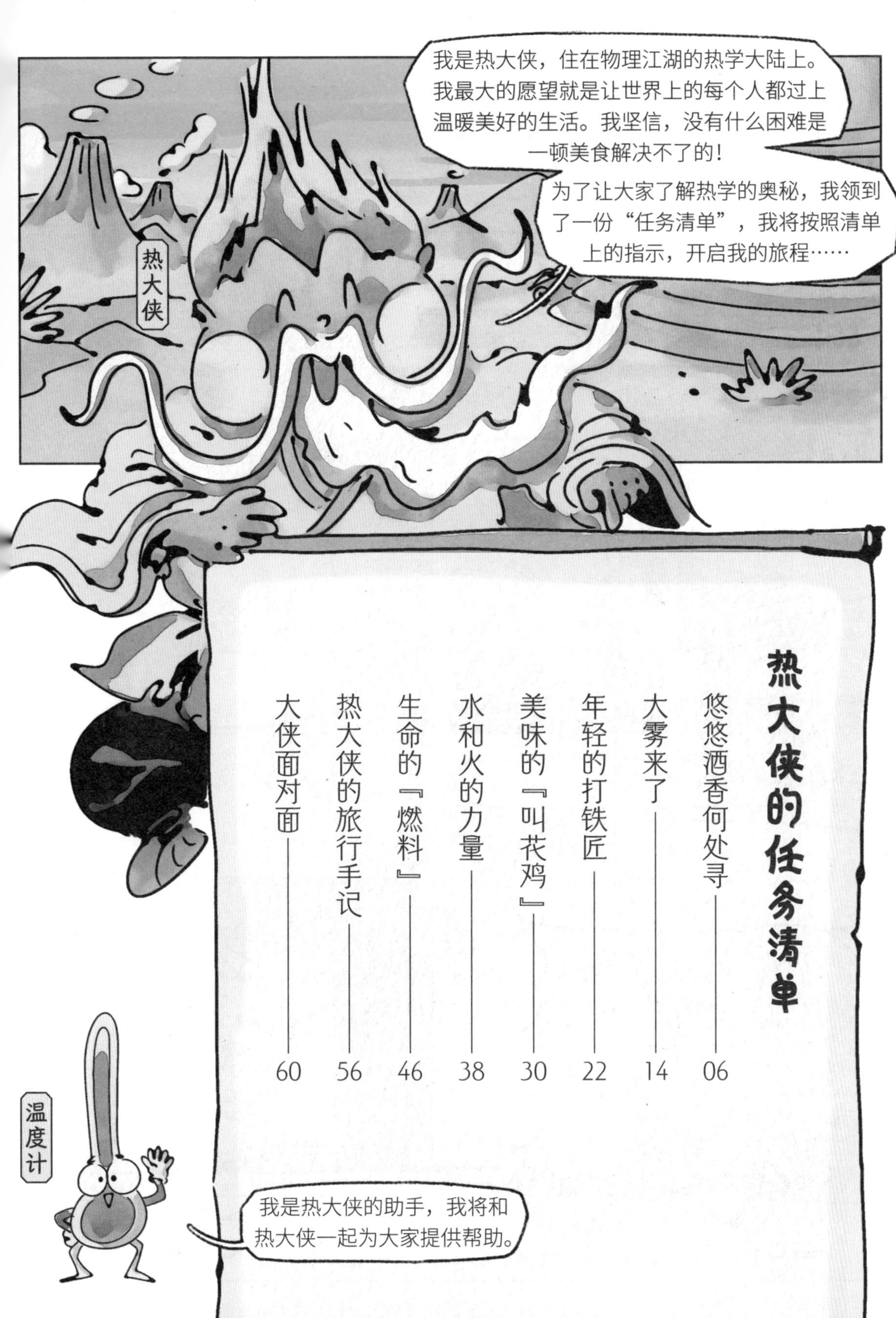
我是热大侠，住在物理江湖的热学大陆上。我最大的愿望就是让世界上的每个人都过上温暖美好的生活。我坚信，没有什么困难是一顿美食解决不了的！
为了让大家了解热学的奥秘，我领到了一份“任务清单”，我将按照清单上的指示，开启我的旅程……
热大侠
温度计
我是热大侠的助手，我将和热大侠一起为大家提供帮助。

热大侠的任务清单

悠悠酒香何处寻
啊……好香的酒啊！
我的口水都流下来了！
找到啦！我要
一饱口福！
酒庄
欸，这是在
干什么？
你为什么对着
空气扇扇子啊？
我要把这些香气
扇回去！
啊？这香气有什么不对劲吗？
哼，这家饭馆的酒香总是飘出去很远，
客人都来这里吃饭，不来我的饭馆吃
饭了！我要把香味扇回去！

在我们身边的所有事物，都是由分子或原子构成的。

金原子

金子是由无数个排列整齐的金原子构成的。

水分子

水是由无数水分子构成的。

分子和原子是很小很小的微粒。它们有多小呢？一滴水中，有 1.67×10^{21} 个水分子。如果地球上的每个人都是一个水分子，那么一滴水中就有 200 亿个地球！

氢原子

氧原子

如果再把水分子放大一点，就会发现，水分子是由氢原子和氧原子构成的。

不过，分子就像是不安分的
小精灵，总是想往外跑。
酒
酒
酒坛的盖子打开以后，酒里面的分
子就会一窝蜂地往外跑，在空气中
四处飘荡。这种现象就叫作“扩散”。
酒
酒
酒
酒
酒

扩散到空气中以后，酒分子就变成了“脱缰的野马”，想去哪里就去哪里。
我闻到了，好香！
这就叫作分子的无规则运动。
酒
酒

分子不止可以在空气中扩散，也可以在固体或液体中扩散。而且，温度越高，分子扩散得就越快。所以，分子的扩散也叫作“分子热运动”。

在炎热的天气中，水分子很容易扩散到空气中。在寒冷的天气中，煤的分子也会慢慢扩散到墙上。

那我的饭馆岂不是要一直没生意了……

所以，不管你怎么扇风，酒的香味都会飘出去很远很远。

你有没有听过“酒香不怕巷子深”这句话？只要你认真修炼厨艺，一定会把大家吸引过来的！

江湖往事

公元前5世纪，《墨子》中曾提出『端，体之天厚而最前者也』，墨子把『端』视作天穷小的空间点，也就是不可分割的点。遗憾的是，受到科学发展和社会体制的影响，虽然墨子和庄子很早就提出了对于微观世界的初步认识，但在很长的一段时间中，都没有人继续完善这一理论。

百变彩泥

把捏好的雪人倒过来，想一想，
为什么雪人的帽子不会掉下来呢？

想一想，为什么橡皮泥
不能越揉越小呢？

大侠有话说

橡皮泥可以紧紧地粘在一起，是因为分子间存在引力。

世间万物都有引力，引力可以使物体相互靠近。

特邀嘉宾 力大侠

G

因为分子间存在引力，所以它们互相吸引，不会轻易散开。当你把橡皮泥捏到一起的时候，橡皮泥的分子就会粘在一起，不让对方离开。

引力

分子间的引力和斥力，统称为分子间作用力。

分子间作用力藏在我们生活中的各个地方。

热学心法

1. 物质是由分子和原子构成的。分子可以分割成原子。
2. 一切物质的分子都在不停地做无规则的运动。温度越高，分子运动越剧烈。
3. 分子间既存在引力，也存在斥力。

大雾来了

钓鱼去！钓鱼去！我今天一定要吃到新鲜的烤鱼！

哇，江边有一艘船哎！正好可以和船夫做个伴，一起去钓鱼！

小兄弟！是不是要下江捕鱼呀？带我一起去吧！

啊？不不不，我不去，我不去了。

不去了？为什么呀？这个季节的鱼可好吃啦！

气态物体中的分子排列非常自由，分子们想去哪里就去哪里。空气就属于气态。

我们身边的事物，有着不一样的形态。

固态物体中的分子的排列非常整齐、紧密，分子的移动速度非常慢。石头、土地等，都属于固态。

液态物体中的分子排列比较随意，分子可以用较快的速度移动、扩散。水属于液态。

在外界温度发生变化时，物质会从外界吸收热量或放出热量，发生物态变化。
水的物态变化，是自然界和生活中最常见的。
温度在100℃以上时，水会沸腾成高温水蒸气，非常容易把人烫伤。
不过，水蒸气在任何温度下都存在，所以即使寒冷的冬天，空气湿度也不会变为0。
100°C
温度在0℃以上、100℃以下时，水呈现出液态。
在标准大气压下，温度会影响物态变化。
0°C
温度在0℃左右时，液态的水会冻成固态的冰。
大雾就和水的物态变化现象有关。

水从液态变成气态的过程，叫作“汽化”。江面上方，总是聚集着大量从水面蒸发出来的水蒸气。一般情况下，水蒸气是无色无味透明的气体，肉眼看不到的。
夜间，空气中的温度很低，水分子遇到寒冷的空气，就会给自己穿上“小棉袄”，变成胖胖的小水珠。许许多多的小水珠聚在一起，就变成了大雾。从水蒸气变成水珠的过程，叫作“液化”。
等太阳升起来，空中的小水珠就会再次被汽化成透明的水蒸气，看不到了。

江湖往事

对于物态变化现象来说，水的三态（固态、液态、气态）变化最为普遍。古人的文献中有很多描写。例如，《庄子》中提到，『雨』就是『积水上腾』，水汽上升凝结成了雨；《尔雅》中也提到，『地气发，天不应，曰雾』；到了汉代，《论衡·说日篇》中则进一步提到雨、雪、雾都和温度有关。古人对于物态变化的认识，大部分围绕着农业，如『白露』『霜降』等节气，都和水的物态变化有关。

模糊的蜡笔画

找到一台吹风机，开到热风挡，对准蜡笔画吹风。猜一猜，吹风机能把画吹干吗？这张画会发生什么变化呢？

大侠有话说
用热风吹蜡笔画，蜡笔画就会熔化，整幅画都变成“一摊烂泥”了。
气态直接变成固态的过程，叫作凝华。冬天的窗子上并没有水，但却总是蒙着厚厚的一层冰花，这是水蒸气在低温作用下直接变成了固体冰。
固态直接变成气态的过程，叫作升华。雪人慢慢变小，但看上去却并不是湿漉漉的，这是雪人直接变成了水蒸气。
冰或雪由于温度或太阳光的照射而化成水，叫作融化。

除了水，还有很多物体会发生物态变化。

当温度达到 1064.43℃以上时，坚硬的金子也会熔化成金水。

温度适宜时，巧克力液就可以凝固成巧克力。

热学心法

1. 固态、液态、气态是物体常见的三种形态。
2. 固态变成液态叫作熔化，液态变成固态叫作凝固。
3. 液态变成气态叫作汽化，气态变成液态叫作液化。
4. 固态变成气态叫作升华，气态变成固态叫作凝华。
5. 温度的变化会导致物态变化。

＊以上均为标准大气压下的数据

年轻的打铁匠
铁匠
铁匠铺到了！我要去买一口新的大铁锅！

小师傅，你能不能给我打一口大铁锅呀？

没问题！别看我年纪小，我的技术可是一流的！

哎哟！
好烫好烫好烫！
呃……你确定你有技术吗？

来，把腿放进冷水里会好一些。
呼……舒服多了！

奇怪……明明桶里的水是冷水，为什么突然一下变得这么烫了？
这是因为烧红的铁块和冷水之间发生了热传递呀。

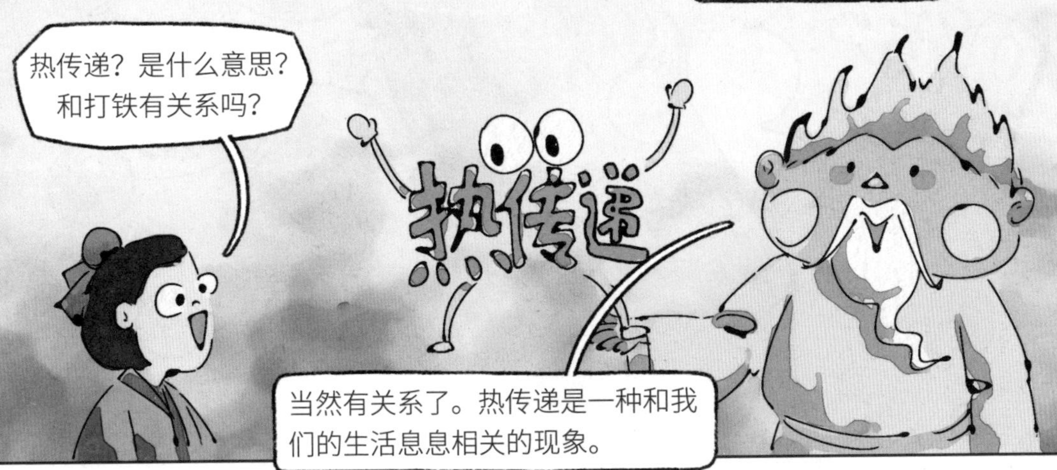
热传递？是什么意思？和打铁有关系吗？
热传递
当然有关系了。热传递是一种和我们的生活息息相关的现象。

想要知道热传递的原理，就得先明白温度和分子运动的关系。
构成物体的分子，是不断运动的。温度会影响分子运动的速度。
铁
冰
铁块的温度高，分子运动快；冰块的温度低，所以分子运动慢。

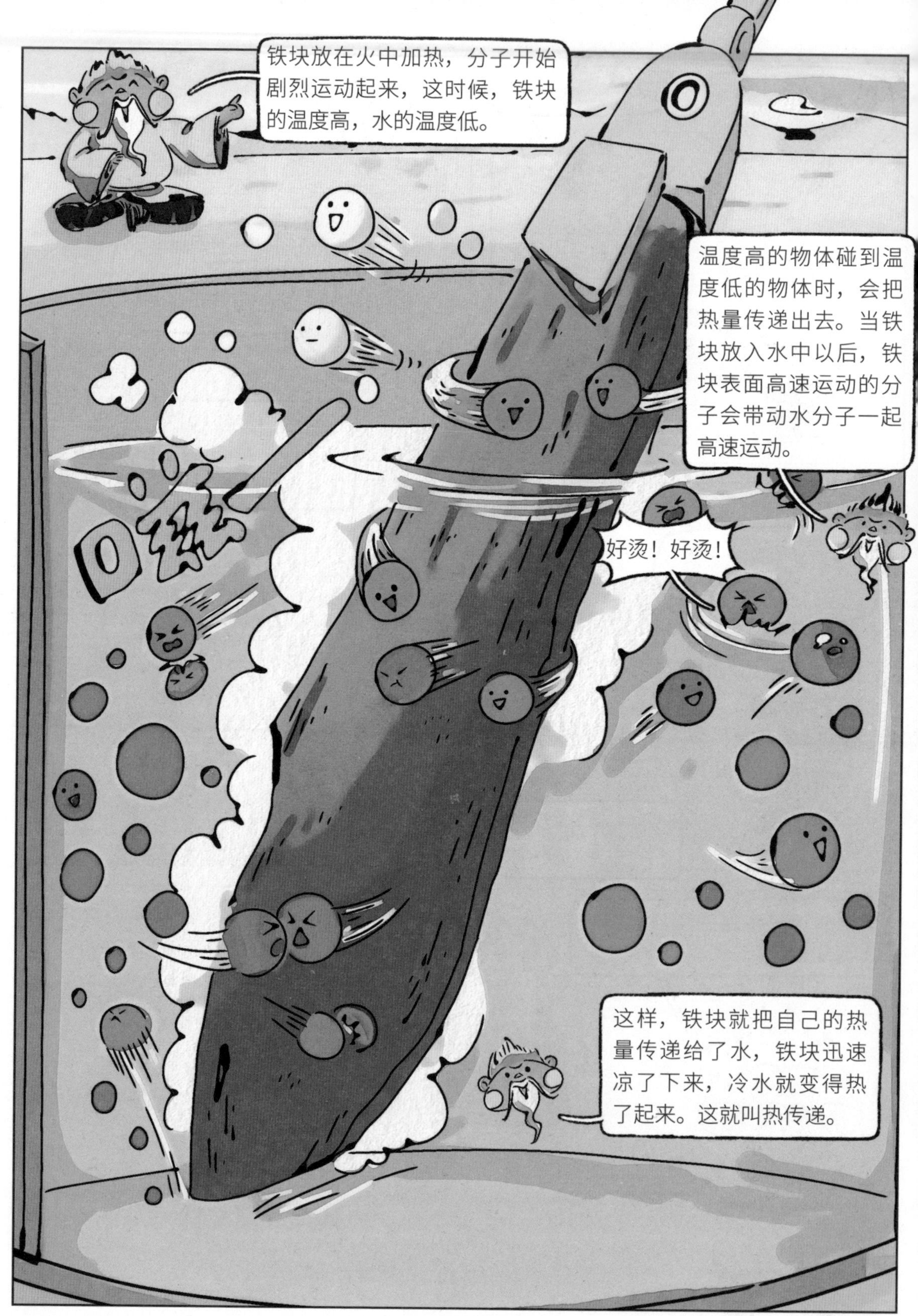
铁块放在火中加热，分子开始剧烈运动起来，这时候，铁块的温度高，水的温度低。
温度高的物体碰到温度低的物体时，会把热量传递出去。当铁块放入水中以后，铁块表面高速运动的分子会带动水分子一起高速运动。
好烫！好烫！
这样，铁块就把自己的热量传递给了水，铁块迅速凉了下来，冷水就变得热了起来。这就叫热传递。

太阳散发出的热量照射在空气中，空气才能变得暖洋洋的。
热传递时时刻刻发生在我们身边。
满头大汗的时候一头扎进游泳池中，池水就会吸走身上的热量。
发烧的时候，把湿毛巾敷在头上，就能把身体的热量传递到毛巾中。

热量

如果你被烫到了，最快、最有效的方法就是把烫伤的部位浸泡在凉水中，或者用凉水不断地冲洗，这样，就可以把热量传递到水中，皮肤就不会受伤了。

江湖往事

温度的变化和热传递息息相关。东汉时期的思想家王充就在自己的唯物主义作品《论衡》中提到：『近水则寒，近火则温，远之渐微。』这段话的意思是，如果离水近，就会觉得冷，离火近，就会觉得暖，如果离水源、火源越来越远，冷暖的感觉就会越来越不明显。王充虽然从宏观上意识到了『热传递的效果和距离远近有关』，但是并没能从微观的、分子运动的角度解释热传递的原因。

热学演武堂
思考篇
是谁点燃了木头
书上说，在古老的石器时代，原始人都是用“钻木取火”的方法来获取火种的。
“钻木取火”指的是用两根木棒快速摩擦，然后火星就会从摩擦处冒出来。这种方法是真实存在的吗？是谁点燃了木头呢？

钻木取火是原始人一项伟大的生存技术，它利用的是“摩擦生热”的原理。

在常温下，木头表面的分子运动速度极慢。

但是，摩擦会让木棒表面的分子被迫发生剧烈运动，木头的温度就升高了。

内能增加，温度也会升高。当温度升高到一定程度以后，木头就会燃烧起来。

这样一来，整块木头都会被表面的木头分子引燃，原始人就得到火了。

在物理学中，“钻木取火”还有另一个名字，叫作“机械能转化成内能”。

嗨！我又来客串了！

摩擦产生的机械能转化成了内能。

我通过摩擦产生机械能。

内能就是我身体内部的能量，温度升高，内能也增高了。

欢迎客串！

热学心法

1. 物体的温度越高，分子运动就越快；温度越低，分子运动就越慢。
2. 温度高的物体碰到温度低的物体时，会把能量传递出去。这就叫热传递。
3. “钻木取火”运用的是机械能转化成内能的原理。

美味的『叫花鸡』

好冷……好饿……

有人？！得救了！

嗨，朋友！你做饭了吗？能不能让我蹭一口呀？

天呐，你怎么这么狼狈！
不好意思，我不小心把锅砸了，不能招待你了。

我本来打算炖鸡汤的，连鸡都杀好了……
什么？吃鸡吗？馋死我了！

这可是你说的，你可
不能反悔呀！

看我的吧！

这你就不懂了吧，这是“叫花鸡”，
是非常古老的烹饪方法！

等等，等等！你
把沙土糊在鸡肉上，
还怎么吃啊？

真的假的？
能做熟吗……

沙子的比热容
低，所以沙子
吸热很快。

比热容是什么
东西？
比热容就是物体吸收热量的能力。
我来给你举个例子。有的人一顿饭需要吃五个馒头，才能
吃饱；可是也有的人一顿饭只需要吃一个馒头，就吃饱了。
如果用水和沙子来对比，也是一样的道理。在质量相等的
情况下，如果想把水从 0°C提高到 1°C，需要吸收 4 份热量；
如果想把沙子从 0°C提高到 1°C，只需要吸收 1 份热量。
水需要的热量多，所以水的比热容高；沙
子需要的热量少，所以沙子的比热容低。

好烫！
把沙土糊在鸡肉的表面放在火上烤，沙土很快就变热，一碰就会被烫到。
沙土吸收的热量都源源不断地传送到鸡肉上，这样，鸡肉就熟了。
沙子已经这么烫了，不会把肉烤煳了吧？
当然不会。因为沙子的比热容低，所以它吸热快，放热也快，就像一个人饭量小，但是饿得快一样。

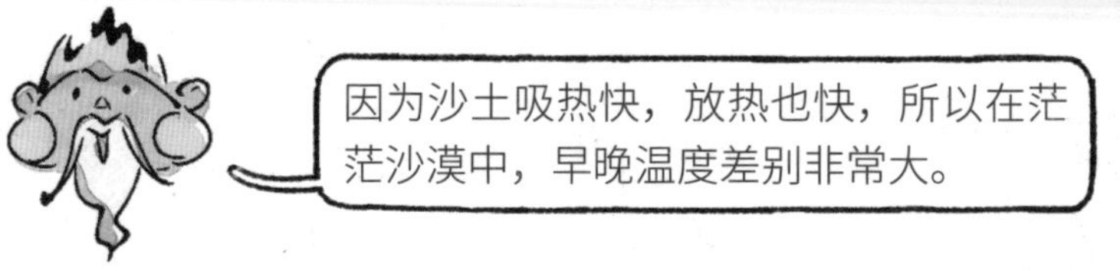

不过，在海边就不一样了。中午很热的时候，海水非常凉爽；到了夜里，海水摸起来反而会很温暖。

啊，我已经闻到鸡肉的香味了！

江湖往事

传说在很久以前，一名乞丐在流浪途中捉到了一只野鸡，但是他没有锅、没有灶，所以只能把带着毛的鸡裹上泥土，埋在土中，直接用火烤。等泥土干了，鸡毛和泥土一起被剥离下来，鸡肉香气扑鼻，乞丐得以饱餐一顿。因为是乞丐发明了用泥土烤鸡的方法，所以用这种方法做出来的鸡就叫作『叫花鸡』。

热学演武堂

思考篇

在炎热的夏天，车水马龙的城市里十分闷热，可郊区、树林中却相对比较凉爽。这是为什么呢？

不同的温度

大侠有话说
城市中的温度比郊区的温度高，这种现象叫作“热岛效应”。
由于工厂废气和汽车尾气的排放量大，城市的上空被浓浓的烟雾笼罩着，热量很难散发出去，所以一到夏天，生活在城市里的人总是会觉得更加闷热。
热
热
热
在城市中，无论是马路还是高楼，都是用沙土、混凝土建造而成的，它们的比热容低，所以升温非常快。
怎么早上就这么热？

热学心法

1. 比热容是物体吸收热量的能力。
2. 水的比热容高，所以水升温需要更多的热量；沙子的比热容低，所以沙子升温需要的热量少。
3. 城市中的建筑大多是用沙土、混凝土建造而成的，它们的比热容低，所以升温快，导致城市中的温度比郊区的要高。这叫作“热岛效应”。
4. 为缓解热岛效应，可以在城市旁边建造水库来调节温度。

太好吃啦！老板，
再来一笼！
马上就好！

①当锅里的水沸腾起来以后，水面上蒸发出了很多水蒸气。

②在高温的催动下，水不断蒸发，水蒸气越来越多，内能增加。

③锅里的温度越来越高，蒸汽的内能越来越大，最终，木塞子承受不住这么大的能量，被蒸汽推了出去。

④蒸汽的内能转化成了木塞子的机械能，所以木塞子才能飞出去很远。

能量不会凭空产生，也不会凭空消失。这就叫“能量守恒定律”。

物体的内能可以转化为机械能。

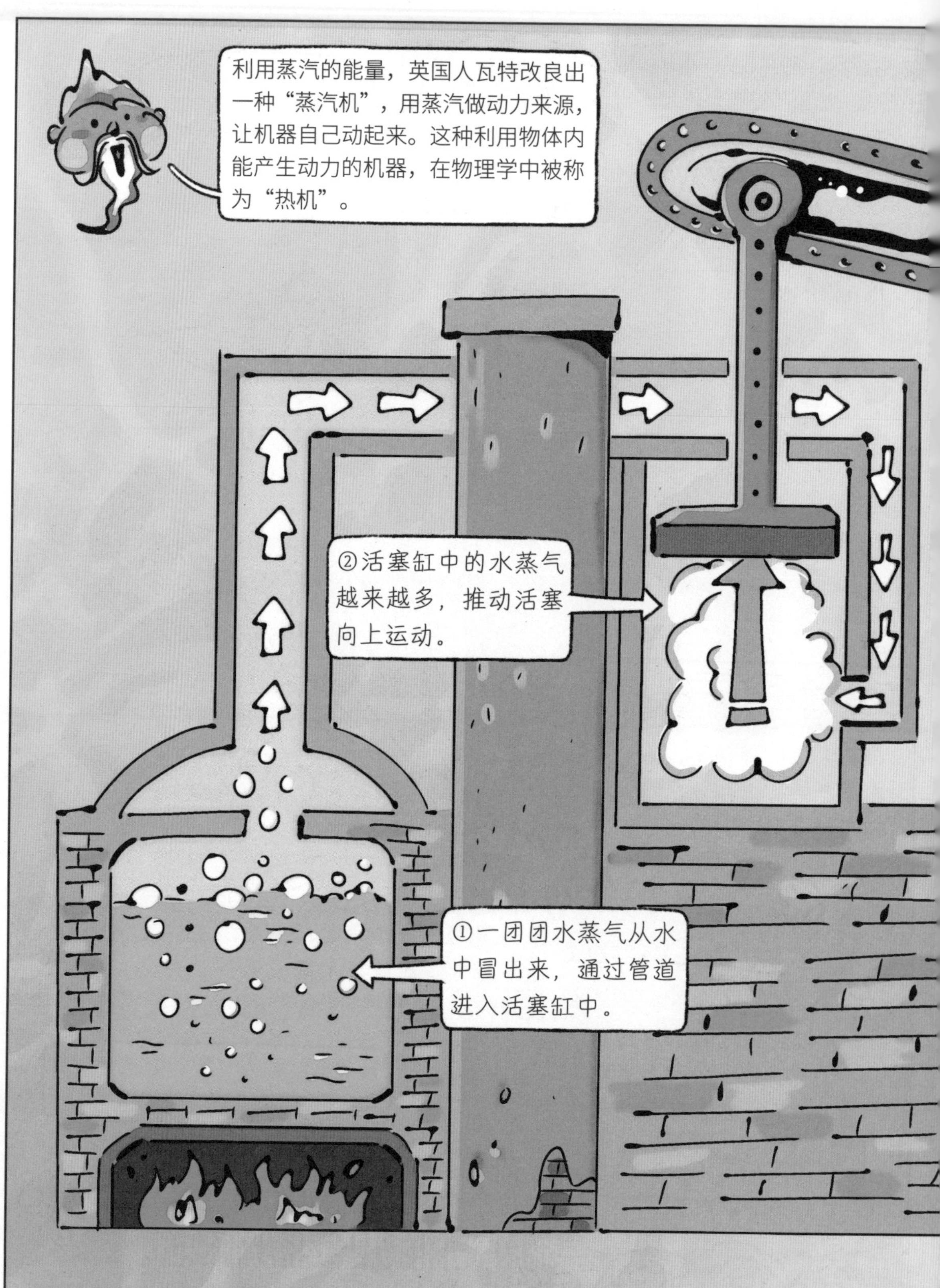
利用蒸汽的能量，英国人瓦特改良出一种“蒸汽机”，用蒸汽做动力来源，让机器自己动起来。这种利用物体内能产生动力的机器，在物理学中被称为“热机”。
②活塞缸中的水蒸气越来越多，推动活塞向上运动。
①一团团水蒸气从水中冒出来，通过管道进入活塞缸中。

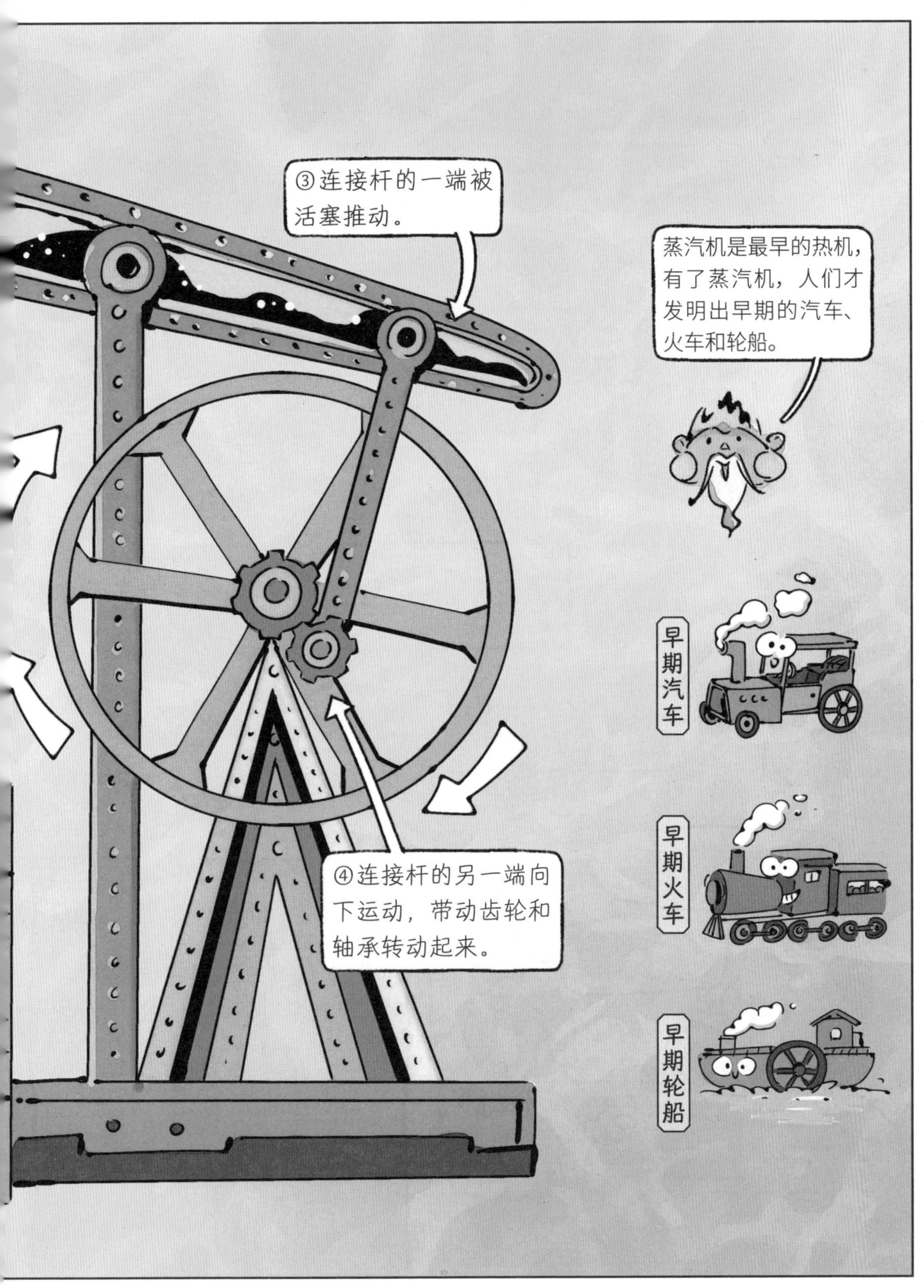
③连接杆的一端被
活塞推动。
蒸汽机是最早的热机，
有了蒸汽机，人们才
发明出早期的汽车、
火车和轮船。
早期汽车
早期火车
早期轮船
④连接杆的另一端向
下运动，带动齿轮和
轴承转动起来。

早期蒸汽火车

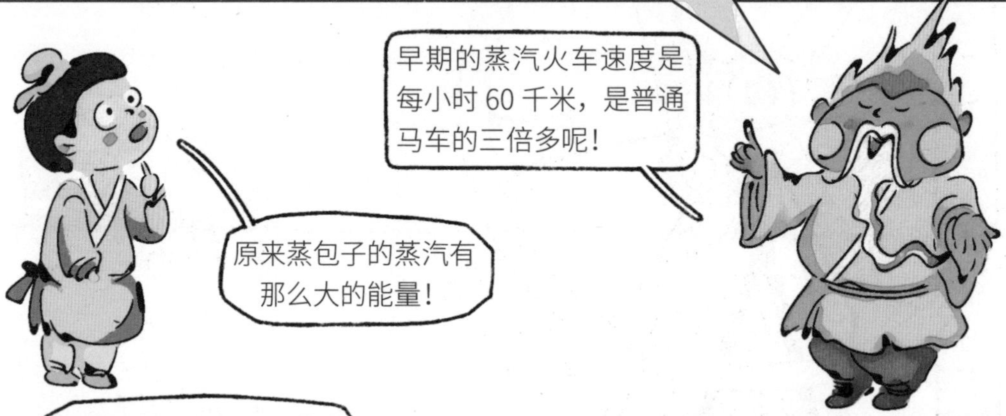

早期的蒸汽火车速度是每小时 60 千米，是普通马车的三倍多呢！

原来蒸包子的蒸汽有那么大的能量！

江湖往事

早在1679年，西方的科学家就已经发明出了蒸汽机的雏形，此后，不断有科学家对蒸汽机进行改良。直到1765年，英国科学家瓦特改良过的蒸汽机正式运用在了工业生产中，为英国开启了工业革命。1865年，中国人徐寿第一次成功制造了以蒸汽为动力的轮船，为中国近代的工业发展贡献了很大的力量。

热学演武堂
思考篇
随着科技的发展，我们生活中已经充斥着各种各样的“热机”。不过，热机可不是轻易就能被你发现的。找找看，热机隐藏在我们生活中的哪些角落里呢？
Hi!
Hi!

大侠有话说
通过燃烧燃料获得机械能的机器，叫作热机。
飞机、火箭、汽车和摩托车的发动机都是热机。
我的肚子里藏着发动机的秘密哦！
虽然水壶中的蒸汽把壶盖顶开了，但是壶里的水蒸气内能太小了，不足以成为动力，所以水壶不是热机。

汽车的发动机是最常见的一种热机，因为它需要让燃料直接在发动机气缸内燃烧才能产生动力，所以我们又叫它“内燃机”。

内燃机中，最重要的部分就是“气缸”，没有气缸，就不会产生动力。

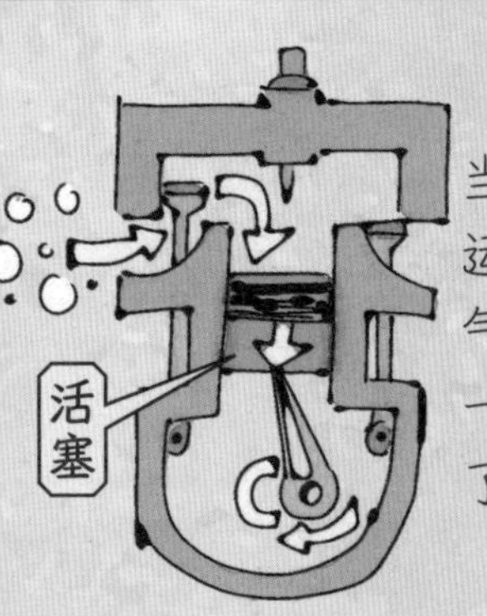

当活塞向下运动时，空气和燃料就一起被吸进了气缸。

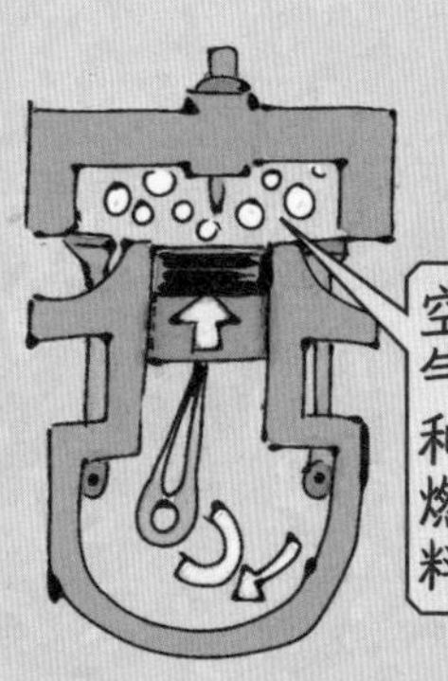

当活塞向上运动时，空气和燃料就被压缩在了一起。

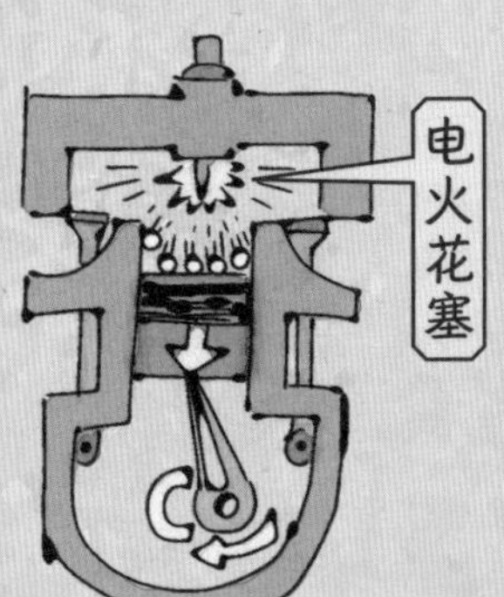

气体集中到气缸顶端时，电火花塞就会产生火花，将燃料点燃，燃料产生的内能再次把活塞向下推动。

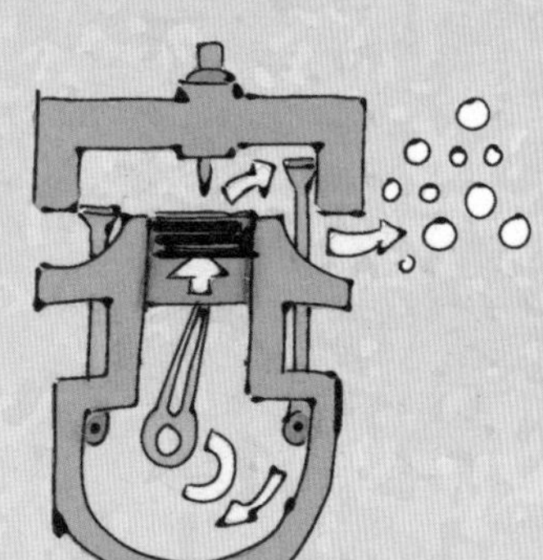

活塞再次上升，把燃烧废气排出去。

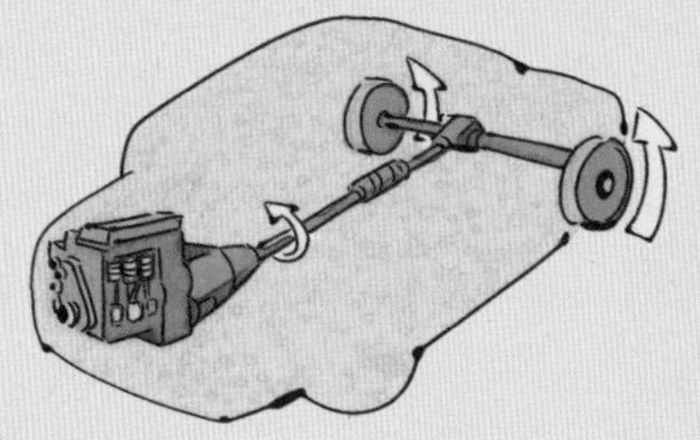

在气缸的交替运动下，带动轴承和轮胎转动，汽车才能跑起来。

热学心法

1. 物体的内能可以转化成机械能。
2. 能量不会凭空产生，也不会凭空消失。这就叫“能量守恒定律”。
3. 通过燃烧燃料，将燃料的内能转化为机械能的机器，在物理学中被称为“热机”。
4. 蒸汽机是最早的热机，有了蒸汽机，人们才发明出早期的汽车、火车和轮船。

没有糖葫芦的冬天
是不完整的！

呀，这是怎么了？

这冰天雪地的，怎么
穿这么少啊？

先暖和起来，再吃点
东西就好啦！
嗯……

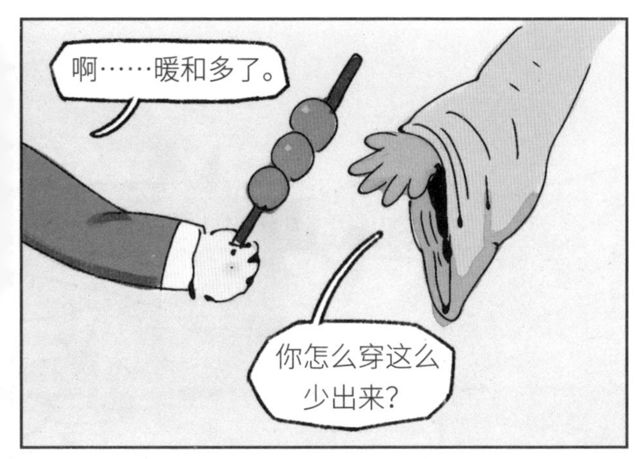

这可不行啊，如果遭遇失温，是非常危险的，有可能出人命哦！

啊？失温是什么？这么严重吗？

手怎么不听使唤了？

失温初期，人的身体会开始不由自主地抖动，手指也开始变得不灵活，连扣扣子都很吃力。

一点都不冷！一点都不冷！

再过一阵，人的步伐会变慢，意识模糊，不知道自己在做什么，甚至还会以为自己很热，把外套脱掉。

失温，指的是人体快速流失了大部分热量。

接下来，人体会开始更加剧烈地抖动，蜷缩在地，肌肉僵硬，失去意识。

如果不能及时得到救助，失温的人将会因为肺水肿、呼吸衰竭而失去生命。

这么可怕啊！可是，我不能随身带着火，怎么才能保持身体中有足够的热量呢？
这还不简单？吃东西呀！食物是人体获取热量的重要来源之一。
人们常吃的食物中含有各类营养物质，人体的消化系统会把这些营养物质从食物中分解出来。
营养物质和血液里的氧气结合在一起，会发生化学反应。在物理学中，我们把这种化学反应释放出的能量称为“化学能”。
营养
氧气
糖类、脂肪、蛋白质、维生素按身份排好队！
糖
脂肪
蛋白质
维生素
排好队的各类营养物质，会被小肠吸收，运送到血液中。

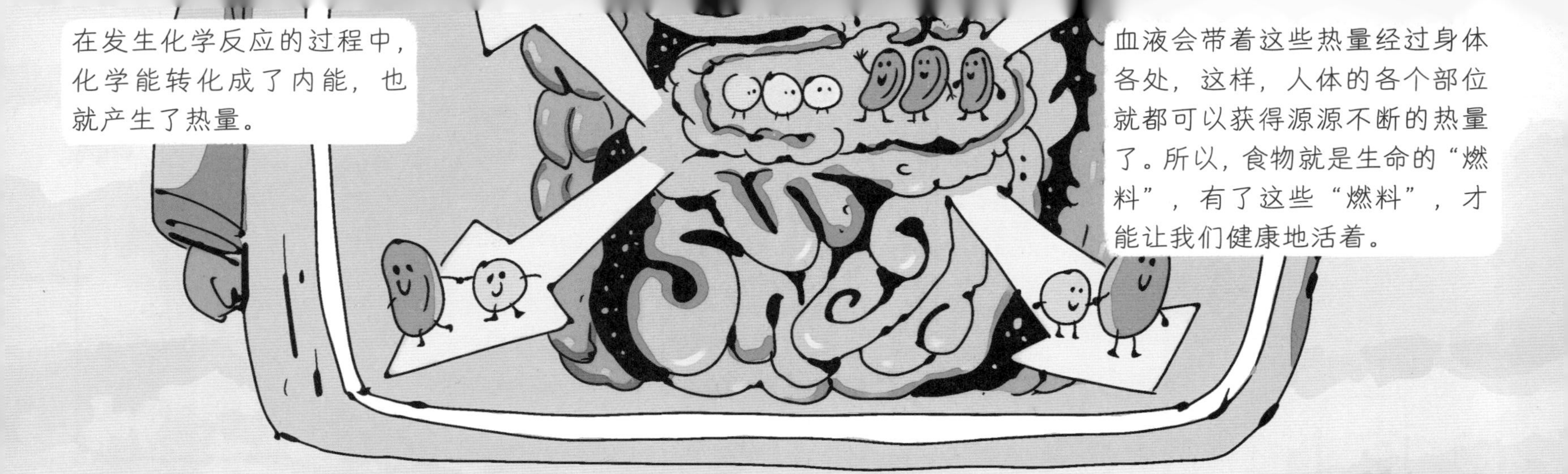

在发生化学反应的过程中，化学能转化成了内能，也就产生了热量。

血液会带着这些热量经过身体各处，这样，人体的各个部位就都可以获得源源不断的热量了。所以，食物就是生命的“燃料”，有了这些“燃料”，才能让我们健康地活着。

对于人体来说，体温必须保持在 37°C，才能维持一个健康的状态。如果体温低于 32°C，就会出现危及生命的“失温症”。

以后再也不去那么冷的地方了！

不同的食物，给人体提供的热量是不同的。

油可以提供人体需要的脂肪。

米、面会提供人体所需的糖类，也是人体热量最主要的来源。

蔬菜瓜果会提供一部分维生素。

江湖往事

受科学技术的限制，古代的中国人并不能用数字进行精确的判断。那么，古人是如何感知、判断温度的呢？西汉时期的《淮南子》中记载，『睹瓶中之水，而知天下之寒』，即通过自然界的物态变化来判断温度的变化。除此之外，古人还会用人体本身来判断温度，如宋代一些关于焙制茶叶的文章提到，『用火常如人体温』『若火多，则茶焦不可食』，就是说焙制茶叶的火候不能比人的体温高，否则茶叶就烤焦了。

无处不在的热量

大侠有话说
热可以给我们的生活提供帮助。
电热水壶可以帮我们烧出热水。
电热水壶
热电厂通过烧煤加热水产生蒸汽，通过蒸汽使发电机持续转动，从而产生足够的电力。
我们把煤炭运送到发电厂，通过烧煤获取电力。

电力会被传输到高压线塔，然后分配到每家每户。
有了电，我们才能有便利的生活。各种电热设备可以让我们再次获取热量。
电暖气可以让我们的房间变得温暖。
电暖气

煤炭可以帮助我们发电、取暖，石油可以帮助我们发动汽车，天然气可以帮我们生火做饭。“热”让我们的生活变得既温暖又美好。
煤炭
石油
天然气

两亿多年前，埋在地下的动、植物遗骸经过了漫长的变化，形成了煤炭、石油和天然气。在人类的大肆开采下，它们已经越来越少了。

燃烧石油和煤炭会释放大量的废气，二氧化硫变成酸雨，让建筑物变得非常脆弱；二氧化碳让地球温度升高，冰山慢慢融化。

为了尽快让地球环境再次“健康”起来，人们开始使用风能、太阳能发电。风能和太阳能被称为“清洁能源”。

热学心法

1. 失温指的是人体快速流失了大部分热量。失温的人有可能会因为肺水肿、呼吸衰竭而失去生命。
2. 食物是人体获取热量的重要来源之一。米、面或者糖可以用最快的速度为人体提供热量。
3. 煤炭、石油和天然气是动、植物遗骸长期掩埋在地下形成的。
4. 燃烧煤炭和石油会释放对环境有害的废气，所以应该尽量使用风能、太阳能等清洁能源。

热大侠的旅行手记

危险的轮胎

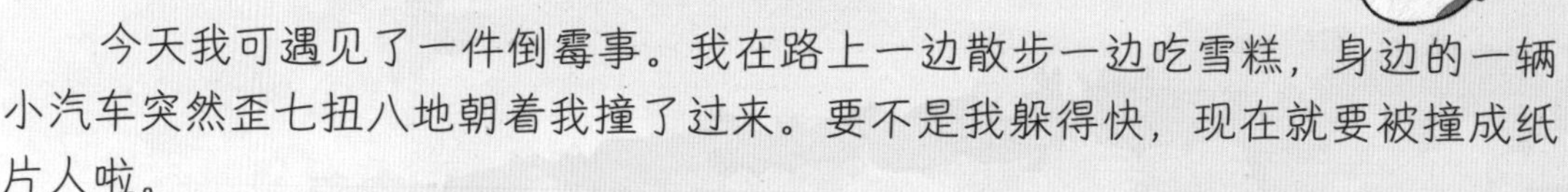

今天我可遇见了一件倒霉事。我在路上一边散步一边吃雪糕，身边的一辆小汽车突然歪七扭八地朝着我撞了过来。要不是我躲得快，现在就要被撞成纸片人啦。

开车的司机也吓了一跳，不知道他的车为什么会失控。我仔细一看，原来是这辆车的轮胎爆炸了。爆胎是经常发生的交通事故的原因之一，会给车辆和行人带来很大的危险。

那么，为什么会发生爆胎呢？

别看汽车的轮胎不起眼，其实，轮胎可是非常娇贵的“小公主”，如果车上装载的东西太多，车辆超重，轮胎承受不住，就会发生爆胎；或者汽车在高速行驶的过程中突然刹车，轮胎承受了巨大的摩擦，也会发生爆胎。除此以外，还有一个非常重要的因素，也会导致爆胎，那就是温度。

物理学中有一个常见的现象，叫作“热胀冷缩”。当温度升高时，物体受热，体积就会慢慢膨胀起来；当温度降低时，物体受冷，体积就会慢慢缩小。

“热胀冷缩”究竟是怎么一回事呢？我们曾经提到过“分子热运动”的概念，物体内分子、原子的运动速度是会受到温度影响的。温度升高时，它们的运动速度就会变快，运动的范围也会变大。

就拿轮胎来说吧，在温度正常的时候，轮胎里的气体分子就像是在慢悠悠地散步，虽然空间不大，但是大家并不觉得拥挤、闷热。可是，一旦温度变高了，气体分子开始乱窜，想要离开闷热的轮胎，冲到外面去“凉快一下”。

这样，轮胎内原有的空间就受到了气体的撞击，就只能通过爆炸来释放压力了。

所以，在夏天千万不要往汽车或者自行车轮胎里打太多的气，否则很容易就爆胎啦。

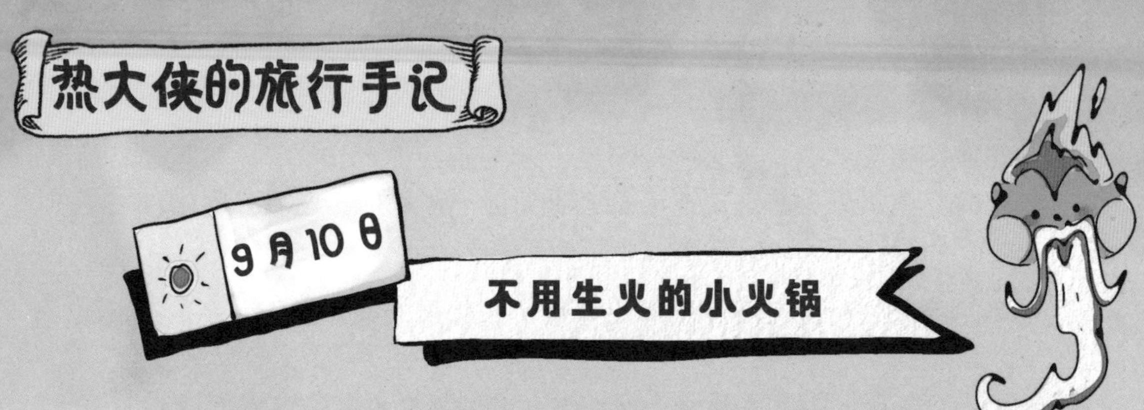

秋天正是河鱼肥美的时候，对于我这样的美食专家来说，这可是绝对不能错过的垂钓季节。一大早，我就带着鱼竿来到了小河边，准备开始钓鱼。不知道哪条大鱼能“有幸”成为我的午餐呢？

天公作美，鱼儿们争先恐后地往我的网兜里跑，不一会儿，我就收获了满满一大筐的鲜鱼。可是好事多磨，我的火柴和打火机都掉到河里去了，不能生火，这可怎么烤鱼呀？

眼看着活蹦乱跳的鲜鱼却吃不到嘴里，这可怎么办呢？正当我以为今天中午要饿肚子的时候，两位来河边野营的小朋友引起了我的注意。

只见他们从背包里拿出了一个双层的塑料盒，上层是满满当当的火锅底料和食材，下层却空空如也。正当我感到奇怪的时候，他们在下层中放了一个鼓鼓囊囊的白色纸袋，然后从河中舀起一碗水倒了进去。顷刻间，白色纸袋发出了噼噼啪啪的响声，热腾腾的蒸汽冒了出来，不一会儿，塑料盒上层的汤底居然咕嘟咕嘟地冒出泡泡，食材也被煮熟了！

看到这一幕，好奇心已经胜过了我的饥饿感，那个白色的纸袋究竟是什么神奇的东西，能够让他们不用生火就能吃上火锅呢？

小朋友们告诉我，那个白色的纸袋叫作“食品专用发热包”，里面装着一种叫作“生石灰”的白色粉末。一旦把这种粉末泡进水中，瞬间就能发生奇特的化学反应，释放出很多热量，把化学能转换成热能，从而把食物烫熟。据说，生石灰散发出的热量可以让蒸汽达到150℃以上，煮熟一条鱼对它来说完全不在话下。而且，发热包的表面不是纸，是一种耐高温的无纺布，这样才能保证在面对生石灰散发出的高温时不会发生火灾。同样，他们使用的双层塑料盒也是用耐高温材料特制的。这样，耐高温容器加上生石灰发热包，就变成了一个随时随地都可以享用火锅的“神器”啦。

听说了我的遭遇，两位小朋友慷慨地把这个“神器”和我分享，我们终于吃上新鲜的鱼啦。

人类是如何发现火的？

不管是西方神话中为人类盗取火种的普罗米修斯，还是东方神话中向人间抛洒火种的阏伯，“火”似乎都是只有天上的神仙才能享有的“特权”，得到火种则是上天对人类的恩赐。从科学的角度来看，虽然世界上没有神仙，但火的确是自然送给人类的最好的礼物。

早期的原始人并不知道如何才能得到火，所以只能吃生肉、喝冷水，在寒冷的冬季也不能生火取暖。在如此恶劣的生活条件下，原始人的寿命都非常短。一次偶然中，天上的雷和闪电击中了干燥的树木，引起了大火。被火焰烧死的动物成了原始人的盘中餐，从此以后，他们才开始尝试在山洞等固定位置把火保存下来。从此以后，火就成为人类生活中不可或缺的宝物。

再后来，原始人在用石头打猎的过程中发现，如果将两块燧石碰撞在一起，会产生火花，火花掉在干草上，也能燃起大火。这样，人们学会了用燧石来取火，也就不必再花费很大的力气来保存火种了。

火的发明和应用，为人类文明的发展带来了巨大的推动力。用火来取暖、照明、驱赶野兽让原始人的寿命得以延长，活动范围也变得更广。更重要的是，食用烹饪过的食物，让人体更容易吸收食物中的营养物质，从而促进了大脑的开发，才让原始人在温饱中逐渐组成了一个有了智慧、有了文明的社会。

从发现火、保存火，再到制造火、利用火，人类社会的文明就这样在光明和温暖中走向了美好的未来。

为什么铁锅的手柄都是由木头或者塑料制成的？

炒菜的时候，如果拿着铁锅的手柄，并不会觉得很热，可是如果碰到了铁锅的边缘，立刻就会被烫伤。明明是同一口铁锅，为什么有的地方烫手、有的地方不烫手呢？这就要从“导热体”说起了。

在物理学中，我们把能够传导热量的物体叫作导热体。可是，不同的物体传导热量的能力是不同的，善于传导热量的物体，叫作“热的良导体”，不善于传导热量的物体，叫作“热的不良导体”。

铁是热的良导体，所以才能把火的热量传递到食材上，帮助我们快速把食材炒熟；木头和塑料是热的不良导体，用它们制作铁锅的把手，可以把热量和人体隔绝开，这样才能避免烫伤。

在生活中，热的良导体和不良导体有不同的用处。当我们需要快速散发热量、传递热量的时候，热的良导体就能派上大用场。比如冰箱、电脑等在工作时会产生热量的电器，就需要用铁、铝等热的良导体来辅助散热，这样才能保证里面精密的电子元件不会被高温损坏。当我们需要保存热量、隔绝热量的时候，就会使用热的不良导体。在寒冷的天气中，我们会选择棉衣、羽绒等材料制作的衣服，就是因为它们可以阻止身体散热，从而起到保暖的作用。在炼钢厂、玻璃厂这种高温、闷热的环境中工作的工人，需要穿上厚厚的隔热服装，才能保证自己不被环境中的热量伤害。

大侠面对面

微波炉是怎样加热食物的？

当我们用微波炉加热食物时，会看到炉内有一束红色的光照射在食物上，随着烤盘缓缓转动起来，不一会儿，冰凉的食物就变得热气腾腾了。顾名思义，微波炉是用“微波”来帮助我们加热食物的。那么，微波是一种什么样的波？它为什么能产生热量呢？

微波是一种特殊的光，虽然它本身并不能携带热量，但是它却有一股神秘的“力量”，这种力量就叫作“共振”。原来，微波炉中发出的微波，就像一个体育教练，不光自己喜欢运动，还喜欢带着别人一起运动。在微波接触到食物以后，食物中的分子就会在微波的带领下产生“共振”，共同运动。分子运动得越快，内能就越高，这样，食物的温度就升高了。

不过，微波也有一个“天敌”，那就是金属。由于金属的表面非常光滑，所以，当微波照射到金属表面时，会被反射出去，轻则导致微波炉内的敏感零件遭到损坏，重则引起火灾。

米莱童书

米莱童书是由国内多位资深童书编辑、插画家组成的原创童书研发平台。旗下作品曾获得 2019 年度“中国好书”，2019、2020 年度“桂冠童书”等荣誉；创作内容多次入选“原动力”中国原创动漫出版扶持计划。作为中国新闻出版业科技与标准重点实验室（跨领域综合方向）授牌的中国青少年科普内容研发与推广基地，米莱童书一贯致力于对传统童书进行内容与形式的升级迭代，开发一流原创童书作品，适应当代中国家庭更高的阅读与学习需求。

致 谢：感谢刘树勇、白欣二位老师编著的《中国古代物理学史》（首都师范大学出版社），为我们展现了一个清晰、科学的古代学术世界。

策 划 人：刘润东　魏诺

原创编辑：王曼卿　王佩　张秀婷

漫画绘制：Studio Yufo

专业审稿：北京市赵登禹学校物理教师　张雪娣

装帧设计：张立佳　刘雅宁

祝你旅途愉快！
接下来就看我的了！

米莱童书 著/绘

北京理工大学出版社
BEIJING INSTITUTE OF TECHNOLOGY PRESS

图书在版编目（CIP）数据

物理江湖：给孩子的物理通关秘籍 / 米莱童书著绘. -- 北京：北京理工大学出版社，2022.7（2025.3重印）

ISBN 978-7-5763-1313-0

Ⅰ. ①物… Ⅱ. ①米… Ⅲ. ①物理学－儿童读物 Ⅳ. ① O4-49

中国版本图书馆 CIP 数据核字 (2022) 第 076498 号

出版发行 / 北京理工大学出版社有限责任公司
社　　址 / 北京市丰台区四合庄路 6 号
邮　　编 / 100070
电　　话 /（010）82563891（童书出版中心）
经　　销 / 全国各地新华书店
印　　刷 / 雅迪云印（天津）科技有限公司
开　　本 / 710 毫米 ×1000 毫米　1/16
印　　张 / 20
字　　数 / 500 千字
版　　次 / 2022 年 7 月第 1 版　2025 年 3 月第16次印刷
定　　价 / 200.00 元（共 5 册）

责任编辑 / 王玲玲
文案编辑 / 王玲玲
责任校对 / 刘亚男
责任印制 / 王美丽

序

大家都知道，一个苹果掉在了牛顿的头上，让牛顿发现了万有引力。可是你知道吗？早在战国时期，《墨子》中就提到“重之谓下，与重，奋也”，他发现万物都受到一个向下的力的作用，只有向上用力，才能对抗向下的力量。西方世界对物理学的研究和认识更成体系、更为深入，同时又有众多改变人类发展进程的厉害发明，这就让大家普遍认为，中国的物理学研究起步晚，较为落后，其实这样的理解是片面的。中国古人对声、光、力、热、电等的研究，在古籍中多有记载，并且多以工具的形式造福中华民族数千年，指导着人们的生活和劳作。中国人民的勤劳和智慧，不能说没有中国古人对物理学研究的功劳。

你手中的这套《物理江湖》，不仅把物理学的最基本的知识清楚明了地用漫画的形式讲述给你，而且故事的发生不是在实验室，不是在遥远的西方世界，是在中国，是在你熟悉的成语故事里，是在你每天背诵的古诗古文里，是在你听过的琵琶曲里，是在你看过的皮影戏里，是我们误以为对物理学的认知和研究都很落后的中国古代。这套书的编著者在中国古籍、古文中发现了中国古人对基础物理的研究成果和看待物理现象的不同视角，让读者对物理的理解更多元，更多发现它的现实价值。

声、光、力、热、电这五大主题，涵盖了物理学的基本知识体系，让你对物理的认识不停留于对概念的简单认知，而是它们的深层内涵和相互间的关系。你不仅能从中获得丰硕的物理学知识，丰富你的想象力，启发你的灵感和直觉，而且能提高你的类比和推理能力。此外，书中有层次、有体系的物理学知识，加上中国文化元素和你们喜欢的江湖剧情，以及便捷可得的有趣小实验，一定会让你爱上物理，更好地了解物理对我们生活和文化的影响。

中国工程院院士、著名物理学家

周立伟

于北京理工大学

光
力
电
传说，宇宙中有一颗神秘的星球，叫作“物理江湖”。江湖上住着一群知识渊博的侠客，他们奔波在宇宙的各个角落，游历古今、行侠仗义，用物理知识为人们排忧解难。

我是电大侠，住在物理江湖的电学大陆上。世界上和电有关的知识，我全都知道。我有一个可爱的妹妹——磁。只要我们姐妹俩齐心协力，就没有克服不了的困难！
为了让大家了解电学的奥秘，我领到了一份“任务清单”，我将按照清单上的指示，开启我的旅程……
电大侠
磁妹妹
我是电大侠的妹妹，我也有很厉害的本领哦！

电大侠的任务清单

那边怎么吵吵
闹闹的？
我们过去看看吧！

喂！不许
欺负人！
哪里来的女娃娃？
在这里多管闲事！

管的就是你！

啊？这是怎么回事？
抓不住了！
啪！

哼！怕了吧！
天啊！今天真的闹
妖怪了！宫里宫外都
是妖怪啊！

别紧张，我们不是妖怪。你们为什么要把这个女孩子赶走呢？
今天有人看到她身上噼里啪啦地冒火光，可是却一点被烧伤的痕迹都没有。宫里的巫师说她是妖怪变的，必须把她赶出去才行。
我当时只是在收拾皮草大衣，不知为什么，抱着皮草的时候，身上又酥又麻，还亮起了火光……
啊……这只是静电现象而已啊。
没错！这是物理科学！不是妖怪！
静电？
物理科学？
静电是一个常见的物理现象，每个人身上都会产生静电。
梳头发的时候
穿衣服的时候
叠被子的时候

可是，为什么会有静电？
静电是从什么地方跑出来的？
这得从微观世界的“分子”和“原子”讲起。
世界上的所有东西都是由分子和原子构成的。比如，氧气是由氧气分子构成的。
氧气分子是由两个氧原子构成的。
氧原子
氧
氧
中子不带电哦！
原子内部包含质子、中子和电子三种微粒。其中，质子和电子身上分别带着“正电荷”和“负电荷”。
质子
中子
电子
我们是电子，我们身上带负电荷。
原子中的质子就像散发着香气的花朵；电子就像四处寻找花蜜的蜜蜂。
电子永远围绕着质子运动，就像蜜蜂总是围绕着花朵运动。

不过，蜜蜂总会被别处的花香吸引，就像原子中的一部分电子也会被其他物体所吸引，比如梳头发时的梳子和头发。
我吸引了一大群电子，所以现在我身上带负电荷！
我身上的电子都跑了，所以我带正电荷！
当两个物体发生摩擦的时候，电子会被其他更强大的质子吸引，纷纷投奔过去。
这时候，正电荷和负电荷之间会释放出光和能量，有时还会发出“啪”的响声。这就是静电的来源。

江湖往事

在一千六百多年前的《晋书·五行志》中，曾有这样一条记录：晋永康元年，晋惠帝娶了一位女子入宫，当侍从帮她换衣服的时候，发现『衣中忽有火』，大家都吓了一跳，把这件事情当作不祥之兆。其实，这就是常见的静电现象。晋代的文学家、政治家张华也在《博物志》中记载：『今人梳头、脱着衣时，有随梳、解结有光者，亦有咤声。』不过，古人虽然记录了静电的现象，却并没有参透『摩擦生电』背后真正的原理。

电学演武堂

实验篇

现在，几乎每家每户都有一台电动吸尘器，可以把地上的尘土吸得干干净净的。但是，在没有电的情况下，你能不能把地上的细微尘土都扫起来呢？试试看吧！

在地上撒一点土，用普通的扫帚扫起来。

好生气！总是有扫不干净的“漏网之鱼”！

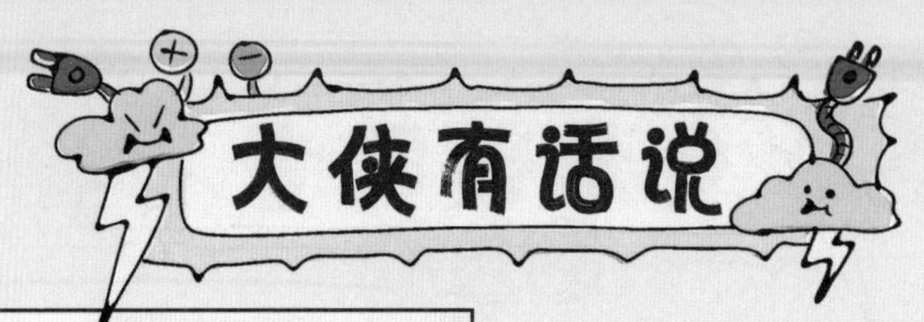

用套着塑料袋的扫帚扫地，细微的尘土都被静电粘在了塑料袋上。

那么，为什么静电可以吸引细小的物体呢？

这就要从“电场”说起了。只要有电荷，就存在电场。电场就像一个大操场，正电荷和负电荷都在里面玩。

你会跳绳吗？

会！咱俩一起！

在电场中，正电荷和负电荷总是会吸引到一起，舍不得分开。正、负电荷的关系越好，电场就越强大。

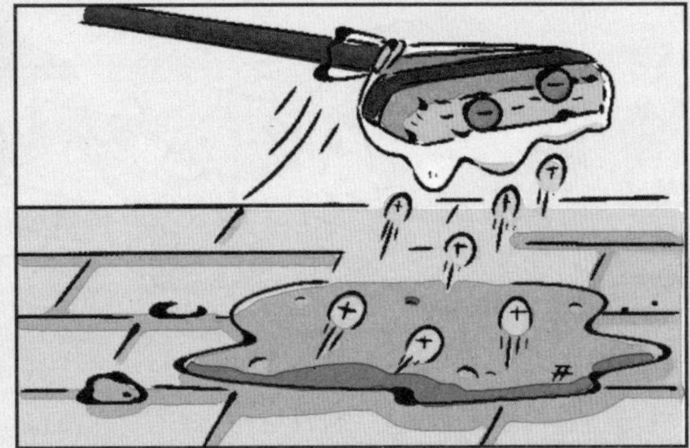

电学心法

1. 静电是一种常见的物理现象，每个人身上都会产生静电。
2. 摩擦生电的原理是物体间的电子发生了转移。
3. 电荷有正负之分，同种电荷相互排斥，异种电荷相互吸引。

奇妙的避雷针

打雷了，一会儿可能要下大雨呢。
最讨厌下雨了！

嘿嘿！屋脊兽是我的啦！

快下来！打雷的时候在高处停留太危险了！

你是谁？别多管闲事！

看我的！

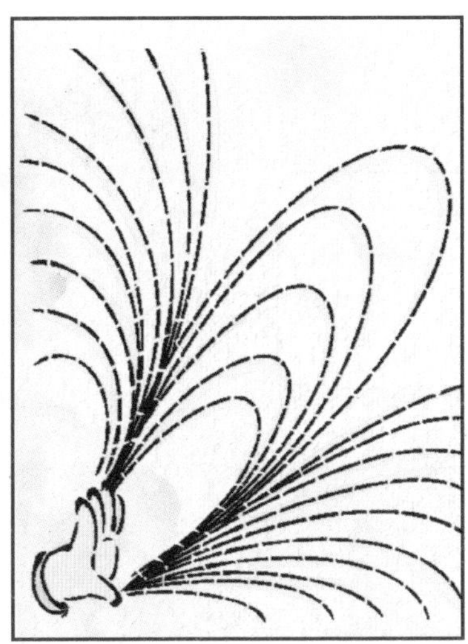

咦，我怎么
过来的？
先下去再说……

啊！房子……

怎么……怎么会
这么可怕？

哼，吓到了吧！打雷
就是这么可怕的啊！
你怎么可以把
避雷针撬下来呢？
太淘气了！
这不就是一个
铁疙瘩吗……

避雷针可有大用处。这就要从闪电的来源说起了……
雷雨天气，天上会有厚厚的云层。
云层内部除了水滴，还聚集着冰晶、霰粒等小颗粒，这些小颗粒在云层中相互摩擦，产生了大量的正、负电荷。
云层中的正电荷比较轻，慢慢聚集到了云层上部；负电荷比较重，慢慢集中到了云层底部。
空气中的水蒸气向上飘，汇聚成了云层。

由于电荷间“同性相斥、异性相吸”的规则，云层下部的负电荷区域会吸引大量正电荷在地面物体上聚集。
当地面上聚集了足够的正电荷以后，云层下方的负电荷就会和地面上的正电荷发生剧烈的放电现象，被吸引到大地上的闪电叫作“云地闪”。这就是闪电的来源。
避雷针位于建筑物的高处，离云层最近，聚集的正电荷也最多，就首先把“电力”吸引了过来。
针尖尖的物体更容易吸引雷电，这就是“尖端放电”原理。
可是，为什么房子没有被雷电击毁呢？
因为避雷针会把闪电吸引到大地上，对于大地来说，不管多大的闪电都是小意思！
刚刚咱们是不是被雷劈了？
不知道，没感觉。

江湖往事

一部分中国古人把雷电视为上天惩罚人类的手段，并认为『被雷劈』的人一定是穷凶极恶的坏人，中国古代神话中也把雷电现象当成『雷公』『电母』两位神仙的『法力』。这些都是民间人士对于雷电现象的认识不够科学、不够充分的结果。不过，也有一些古代学者，如先秦时期的慎到、东汉时期的王充、北宋时期的沈括、明朝刘伯温等人，从被雷电击中的建筑物发生火灾的现象中，尝试着论述了雷电和所谓的阴阳五行的关系。虽然从现代视角来看，这些理论依然不够正确，但这同样是我国人民追求科学理论的体现。

电学演武堂
思考篇
谁是避雷针？
避雷针岗位竞争大赛
哎呀，这场竞争大赛太激烈了，我该判谁赢呢？
我的身价非常高，所以我可以当避雷针！
论名贵，谁有我名贵？我才是避雷针！
花瓶
金
木头
铁
玻璃
铜
大家的衣食住行都离不开我，当然是我来当避雷针！
我我我！我又便宜又好用！我当避雷针！
我也可以当避雷针！
我又轻又脆，不会给建筑物增加重量，所以我可以当避雷针！
想一想，谁才能做避雷针？

大侠有话说

我宣布，金、铜、铁三位伙伴胜出，获得避雷针的实习岗位！

我们不服！凭什么它们能做避雷针！

因为金、铜、铁是导体，而陶瓷、玻璃和木头是绝缘体。

入职体检

我们都知道，物体是由分子、原子构成的，物体能否导电，取决于原子中的电子能否移动。

我的原子束缚能力很强，电子都跑不出去。

我的原子束缚能力很弱，电子想去哪儿就去哪儿。

半导体是一种导电性介于导体和绝缘体之间的物质，当外界条件变化时，它就能从导体变为绝缘体。

发光的屏幕，手机、电脑的芯片，甚至智能机器人，都离不开我半导体的功劳！

电学心法

1. 云层中聚集着冰晶、霰粒等小颗粒，这些小颗粒在云层中相互摩擦，产生了大量的正、负电荷。当云层中的正、负电荷发生放电现象时，就是我们常见的雷电。
2. 雷电会释放出巨大的冲击波，还会发出巨大的雷声，所以非常危险。
3. 导体对原子中电子的束缚力弱，所以导体容易导电；绝缘体对原子中电子的束缚能力强，所以不容易导电。
4. 半导体是一种导电性介于导体和绝缘体之间的物质，当外界条件变化，它就能从导体变为绝缘体。

大家都在做饭，好香呀！
傍晚的街道真是太温馨啦。

救命啊！
?

哎哟！

救命啊，吓死我了！
放开我！
不要吵了，快看看他摔伤没有。

你怎么了？为什么跑这么快？

刚才我家的电灯一会儿亮一会儿暗，太吓人了！一定有鬼！

确实有鬼，你就是一个冒失鬼！

小小年纪不要那么迷信。电灯忽然闪烁，是电压不稳定导致的。

电鸭？会飞的那种吗？

电压是电的动力，没有电压就不会有电流，电灯也就不会亮起来了。

水库总是建在高处。当水库关闭水闸的时候，水面一片平静，河道内也静悄悄的。
打开水闸，河水从高处落下，才能得到足够的动力，流到很远的地方。
河道中的水流动起来，滋养了河里的小鱼，灌溉了村庄的田地。
你的意思是，电也像水一样，是不停在流动的？
嗯，孺子可教！

每个城市周围，都有一座“高压线塔”，它就像是建在山上的水库，电流就像水一样，总是从电压高的地方流向电压低的地方。
我来把电输送给你们！
电线是用金属制成的导体，存在大量可以移动的电子。在电压的推动下，它们会迅速排成整齐的队伍向前进发。
我是变压器，是一种可以把高电压变成低电压的机器。
不过，高压线塔的电压太高，容易损伤电器，所以必须经过变压器调节，才能输送给家庭使用。
这边需要更多的电！
呀，电不够了。
如果很多人同时用电，那么电的分配就会出现不均匀的现象。

现在是傍晚，大家都在用电，所以灯泡一会儿亮一会儿暗是正常现象。

江湖往事

19世纪，意大利物理学家亚历山德罗·伏特第一个发现电会从电压高的地方向电压低的地方流动。在发现这个现象以后，伏特通过叠加浸透盐水的纸和不同种类的金属来聚集大量电荷，从而产生电压和电流。这就是电池的雏形。

电学演武堂

思考篇

不好！关押在电学监狱中的头号犯人“危险”越狱逃跑了！快跟我去抓他！

危险

危险藏在哪里？

收到情报，危险就躲在这间房子中，他到底在哪儿？快帮我找一找！

大侠有话说
抓住了！危险就藏在电灯和插座中！
可是，危险为什么会躲在这里呢？
危险
别碰我啊！
电压
在家庭电路中，触电和火灾是非常容易发生的用电事故。
水中存在大量自由移动的微粒，是很好的导体。用湿抹布擦拭电器，会导致人体直接触碰高压电流，威胁生命。

在户外，也要注意远离一切高压带电体，才能保证安全。

不能在高压线附近放风筝。

不能触摸可能携带高压电的物体。

电学心法

1. 电压就是电的动力，电流总是从电压高的地方流向电压低的地方。
2. 在电压的推动下，导体中原本自由移动的电子可以有序地发生定向移动，产生电流。
3. 生活中要注意用电安全，远离高压带电体。

难分难舍的『电』和『磁』
这附近好热啊！
这附近有一家发电厂，所以比其他地方更热一点。
那边怎么了？
像是吵起来了。
都怪你
别吵啦，别吵啦。
就是你把我的指南针玩坏了！你赔！
你胡说，我没有！

我把指南针借给他玩，可是他还给我的时候，指针一直在左右乱晃，肯定是被他摔坏了！
什么东西坏掉了？
你看！
这就要从磁铁说起了。
那我的指南针为什么开始乱转了？
可是，指南针是不会被摔坏的啊。
你看！我就说不是我吧！
指南针是用磁铁制成的。磁铁是一种特殊的石头，拥有两个磁极，分别是 S 极和 N 极，也就是南极和北极。
我是北极。
我是南极。
N
S
不论我们如何转动指南针，磁针总是会指向南方和北方，这就是“指南针”这个名字的由来。

地球就是一块巨大的磁铁，也拥有自己的南极和北极。

我是地磁南极，我和地球北极的北极熊住在一起！

在地球磁场中，指南针的南极被地磁北极吸引，指向地球的南极；指南针的北极被地磁南极吸引，指向地球的北极。

说了这么半天，我的指南针到底为什么乱转啊？

我是地磁北极，我和地球南极的企鹅住在一起！

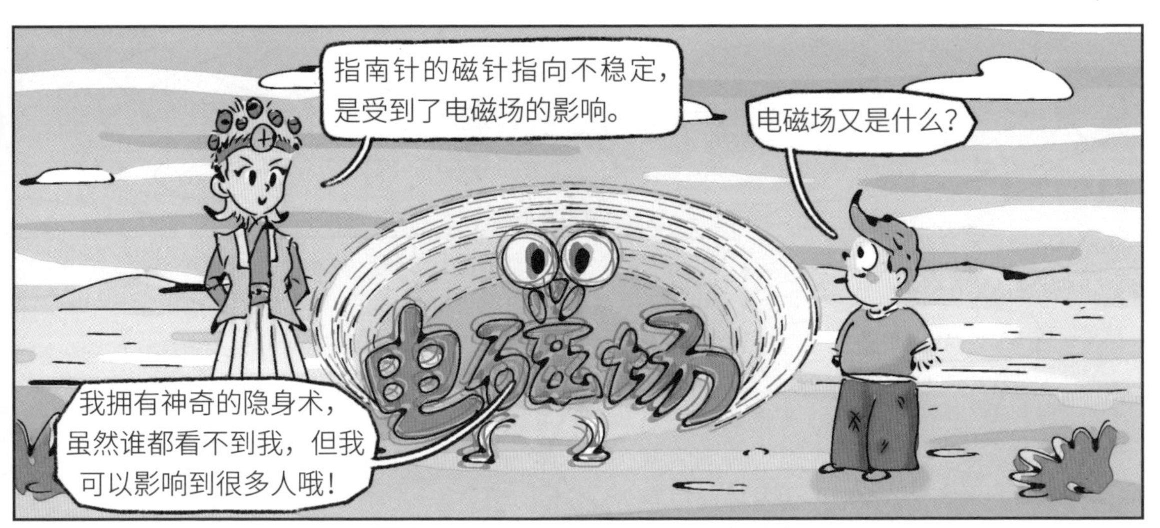

当导体中有电流通过时，就会产生一片看不见、摸不着的电磁场。电磁场的威力虽然没有地球磁场强大，但是却可以让指南针中的小磁针发生偏转。

我在这里!

S

电磁场

N S

咦，我们怎么了?

S N

怎么跑偏了?

N

这就叫“电流的磁效应”。

电磁场

发电厂附近存在很多高压线塔，所以这里会产生很强大的电磁场。指南针在这里是一定会受到影响，发生偏转的。

原来是这样。

如果想要指南针保持精确，必须远离发电设备才可以哦。

江湖往事

中国是世界公认的发明指南针的国家。在中国古代，指南针被称为『司南』，就是『辨别南方』的意思。最早记载磁石的文献是春秋战国时代的《管子·地数》，其中写到『上有慈（磁）石者，下有铜金』，意思是利用磁铁可以找到铁矿或者和铁矿共生的矿物。在之后的千百年中，指南针传播到了世界各地，为各国人民带来了便利。到了18世纪，丹麦物理学家奥斯特天意中发现了通电的电流可以吸引磁针发生偏转的现象，成为世界上第一个发现电磁关系的人。

美味发电机

准备三根导线，导线分别连接上镀锌螺丝钉、镀铜螺丝钉和金属夹。

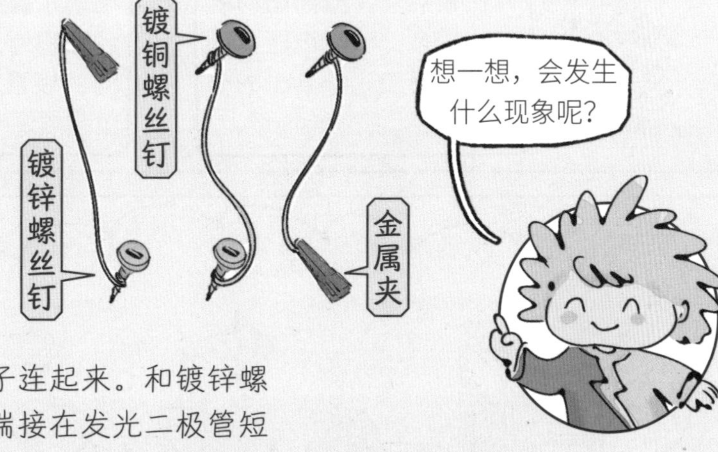

用导线和螺丝钉把橙子连起来。和镀锌螺丝钉连接在一起的一端接在发光二极管短脚，和镀铜螺丝钉连接在一起的一端接在发光二极管长脚。

水果的酸性越大，数量越多，效果越明显哦！

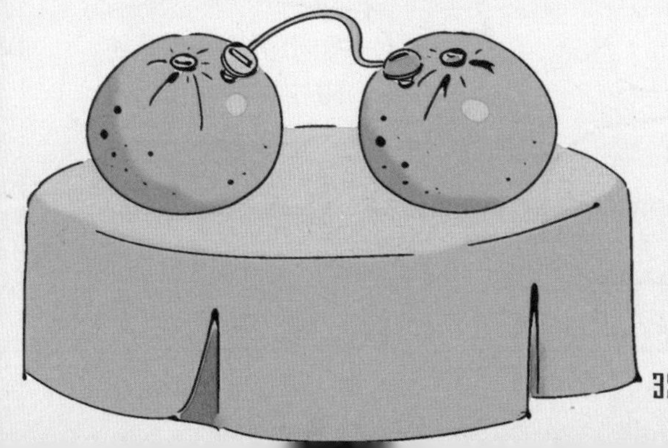

Tip：发光二极管就是我们常用的 LED 灯泡，这种灯既明亮又省电，是我们生活中的好帮手。

大侠有话说

电子运动的方向和电流相反。

看，发光二极管发出了微弱的亮光，这就意味着导线中有电流在流动。

水果中的果酸是一种可以导电的物质，可以把金属中的电子分离出来。

镀锌螺丝钉

镀铜螺丝钉

果酸

果酸

锌比较活泼，分离出的电子比较多，所以电压高；铜不易反应，分离出的电子比较少，所以电压低。

电子从镀锌螺丝钉的一端流经镀铜螺丝钉的一端，再流向二极管，这样，二极管中就会源源不断地有电子通过。

发电厂能发电是我磁妹妹的功劳哦！

虽然水果也能发电，但是水果却不能成为发电厂的“主力军”。

电流可以产生磁场，磁场也可以产生电流。

19 世纪，英国物理学家法拉第发现，当一个完整的闭合电路切割磁铁产生的磁场时，就会有微弱的电流产生。

如果导线、用电器等物体连成一个完整的圆圈，就形成了一个闭合电路。

电学心法

1. 磁铁是一种特殊的石头，拥有两个磁极，分别是 S 极和 N 极，也就是南极和北极。
2. 磁铁的同性两极相斥，异性两极相吸。
3. 地球就是一块巨大的磁铁，地磁南极位于地球北极附近，地磁北极位于地球南极附近。地磁的南北极形成了一个巨大的磁场，让指南针指向南方和北方。
4. 电流也会产生磁场，电磁场会影响指南针的方向。
5. 当一个完整的闭合电路通过磁铁产生的磁场时，就会有微弱的电流产生。

这里为什么
这么吵啊？
这里是一间啤
酒厂，所以机器的
噪声比较大。

哎呀！

是谁这么没素质！
随便往下倒水！
人不大，嗓门
倒不小。
高空倾倒液体是
不文明的行为！

啊？对不起，对
不起，我以为楼下
没有人呢……
这闻起来……
像啤酒啊。

好好的一杯啤酒，
为什么要倒掉呢？
啊……说
来话长。

可是电流是看不见摸不着的，怎么会产生热量呢？

那是因为导体中存在电阻。

当然是因为有我啦！

导体中的电流就像鱼群，是由无数电子组成的。

但是，电子在移动过程中会撞上那些不移动的微粒。

电子和微粒不断碰撞、摩擦，产生热量，这就是电阻的来源。

电子障
不同导体的电阻大小不同。在电流大小相等、通电时间相等的情况下，电阻越大，对电流的阻碍作用就越大，产生的热量也就越多。
铁和铜都是导体，但是铁的电阻非常大，就像跑道上堆满了障碍物，电子跑得又累又热，温度越来越高。
铁赛道
铜赛道

跑比赛
电流通过导体时产生热量就是电热，物理学中，这个原理叫作“电流的热效应”。
电热
对比之下，铜的电阻比较小，就像一条比较通畅的跑道，电子可以轻轻松松地跑过来，也就不会产生很多热量了。

江湖往事

19世纪，英国青年詹姆斯·焦耳对电学产生了浓厚的兴趣，希望发明出一台电动机来提高自家啤酒厂的生产效率。在研究的过程中，焦耳发现了电流产生热量的现象，并以此为契机，在英国皇家学会发表了一篇有关电导体发出的热量与电流强度、电阻大小及通电时间长短的关系的论文。这篇论文的内容就是大名鼎鼎的『焦耳定律』。

电学演武堂
思考篇
聪明的水壶
烧水的时候，电热水壶
总是会在烧开的一瞬间自动
断电。这是为什么呢？又是
怎么做到的呢？
咔哒

大侠有话说
电热水壶能够在把水烧开的同时自动断电，是因为安装了“双保险”。
第一重保险，就是位于电热水壶顶部的蒸汽开关。水烧开以后，滚烫的蒸汽会使蒸汽开关中的金属片变形，变形后的金属片可以切断电源，从而促使电热水壶停止加热。
在电热水壶的底端，有一圈合金材料制成的高电阻加热盘，当电流通过时，加热盘会散发出很多热量，让水在短时间内沸腾起来。
温控器
电热水壶的第二重保险，就是隐藏在水壶底部的温控器。当加热盘的温度超过 100°C，但蒸汽开关却还没有断开的时候，温控器就会自动断开，切断电源，防止电热水壶被高温烧坏。

电流的热效应给我们的生活带来了很多便利。

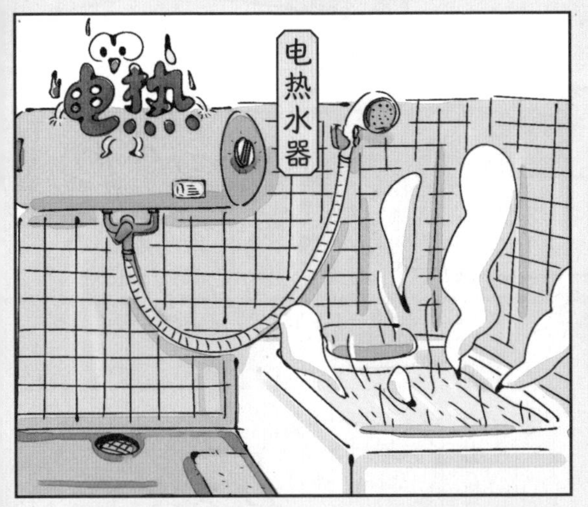

不过，电器的温度如果过高，会产生许多安全隐患，轻则会损害电器，重则会引起火灾。所以，使用电器一定要注意散热。

电脑主机中都会安装风扇吹散热量。

电视背后存在一些小小的散热孔。

电学心法

1. 导体中存在电阻，是因为导体中快速移动的电子会和不移动的微粒相撞，二者摩擦产生热量。
2. 不同导体的电阻大小不同。电流大小相等、通电时间相等的情况下，电阻越大，对电流的阻碍作用就越大，产生的热量也就越多。
3. 使用家用电器时，一定要注意散热，防止损害电器、引起火灾。

『滴答』作响的信息

国外的圣诞节也很热闹啊！

西方的圣诞节和中国的春节一样，都是一年中最重要的节日，当然很热闹了。

前面一定有好吃的、好玩的！我们去看看！

哇，这里排了好长的队伍啊。

电报局到底为什么不开门！为什么不能发电报！

电报

大家冷静点，冷静点！

哎呀，他们怎么吵起来了？

电报局

出什么事情了？大家为什么这么着急？

今天早上，发报机忽然出问题了，大家不能发电报，所以都很着急。

好奇怪啊。

那就赶快修一下嘛。
可是，今天负责维修的工人师傅不在，我们都不懂电报的原理……
这还不简单？我来教你！
电报是通过电磁波发射信号进行无线通信的手段。
在移动电话还没有发明出来的时候，电报是一种既便宜又高效的信息传递方式。
发报员通过机器发出一种由“点、横”组成的信号，收到电报的人会再把这些信号翻译成 26 个英文字母，组成完整的词句，这样就知道对方发来了什么消息了。

如果想要发电报，就必须要有电磁波。
电磁波是怎样形成的呢？
信号发射塔
要产生电磁波，首先需要电。只要产生不断变化的电流，就会产生持续变化的磁场。
我们知道，电流周围的磁场也可以激发出电场。
然后，电场又激发出了磁场……磁场又激发出电场……
电场和磁场互相激发，形成了不断向四面八方延伸的波纹，这就叫电磁波。

发报员发出的信号，就加载在电磁波中，传递给了远方的人。
信号接收塔
不过，如果想要接收到信号，信号发射塔和接收塔必须拥有相同的频率才可以。

江湖往事

电报发明的初期，必须通过架设在陆地上的电缆进行信号传输。一直到20世纪初期，使用电磁波进行信号传输的无线电报才真正变成现实。公元1908年（清光绪三十四年），江苏省建立了淞崇天线电局，中国的商用天线电报正式投入使用。如今，电报已经退出了大众的视野。从发明到衰落，电报只经历了短短的一个世纪，但如果没有电报，人类也不可能快速进入信息时代。更高效、更便捷，是科技更迭永恒的追求。

电学演武堂
思考篇
追踪电磁波
电磁实验室
本捕头接到报案，电磁波不见了！它到哪里去了？快跟我去找一找吧！

大侠有话说
所有有温度、有热量的物体都会散发出电磁波，这种电磁波叫作红外线。
可见光的波长为400~760 纳米。
电磁波看不见摸不着，可它却无处不在。
电磁波
可见光
红外线
光也是一种电磁波。
物体的体温越高，发射的红外线就越强。

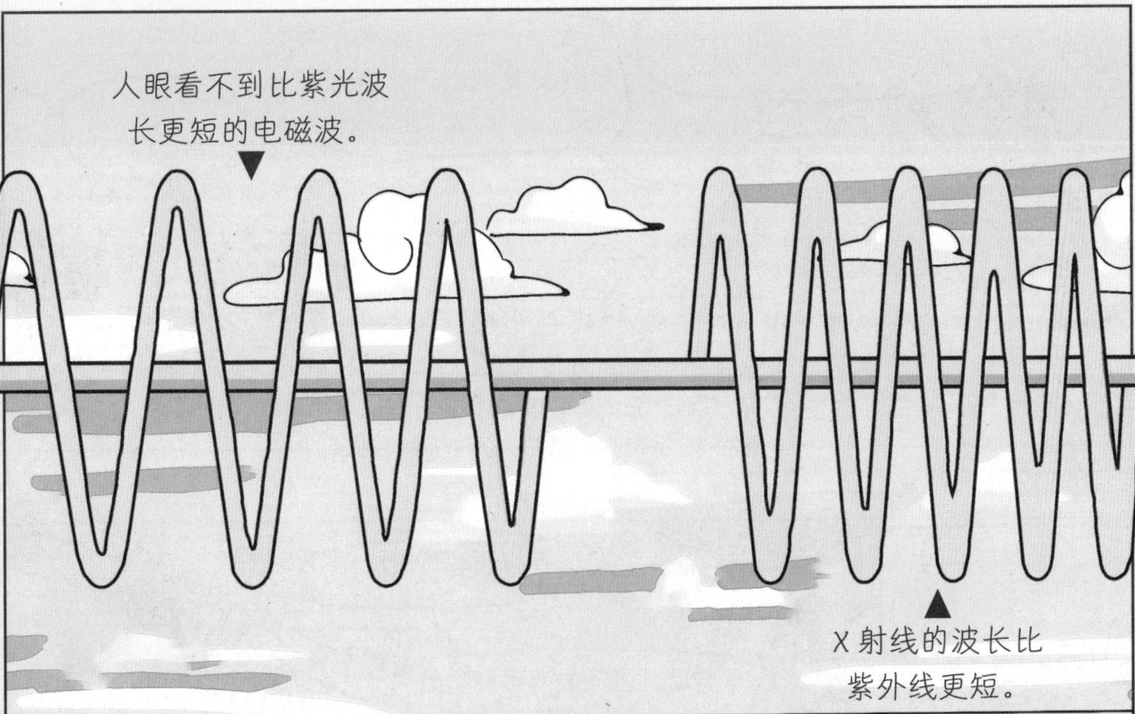

人眼看不到比紫光波长更短的电磁波。

X 射线的波长比紫外线更短。

紫外线

紫外线是一种能够杀菌消毒的电磁波。

消毒中

在消毒时，一定要远离紫外线才可以哦。

医院中使用的 X 射线也是一种电磁波，它可以穿透皮肤，给人体的骨骼拍照。

X 射线

在现代社会，电磁波已经成为不可或缺的工具。
电报机退休欢送会
如今，我们已经利用电磁波发明出了比电报更快捷、更强大的通信设备。
退休喽！钓鱼去喽！
度假
信息运输研讨会
现在，电磁波还可以为我们传递声音、图像和视频。
交给我，没问题！
电磁波
可是，我们怎样把声音和画面放在电磁波上呢？
电磁波
首先，声音和画面会像快递一样被包装起来，这样才能保证声音和画面能够被传输出去。这个过程叫作“调制”。
电磁波
画面
声音
调制
接下来，我就要带着声音和画面向目的地进发了。

电学心法
1. 电流周围会产生磁场，磁场也可以激发出电场。电场和磁场互相激发，形成了不断向四面八方延伸的波纹，这就叫电磁波。
2. 电报是通过电磁波发射信号进行无线通信的手段。
3. 电磁波是一种看不见摸不着的物质，可它却无处不在。红外线、紫外线、可见光、X射线都是电磁波大家族的成员。
4. 利用电磁波传输文字、声音、图片、视频等信号时，需要进行“调制”和“解调”。
直线波
第三种方法叫作直线波。我需要先到达地球外的卫星上，由卫星把我送到目的地。
第二种方法叫天波。我需要在天空中的电离层经过几次反射，才能到达目的地。
天波
把声音和画面传递出去有很多种方法。
第一种方法叫地波。地面上的发射塔有足够的能量，可以直接把我送到目的地。
地波
到达目的地后，声音和画面就会被还原出来，这个过程叫作“解调”。解调完成后，人们就能听到美妙的音乐、看到多彩的画面了。
电磁波
画面
声音
解调

今天，我带着磁妹妹来到了一家水族馆参观。这家水族馆中汇集了世界上各种奇怪、有趣的鱼类，磁妹妹开心得都不想回家了。

正当我们玩得高兴的时候，忽然看到一位小游客倒在水缸旁边一动不动，不知道发生了什么事。我和磁妹妹急忙呼叫了医护人员，好一通忙活，才让这位小游客醒过来。工作人员说，这位小游客有点淘气，踩着台阶把手伸进了鱼缸里，想要抓住鱼缸中的大鳗鱼，可是刚一碰到水，就觉得浑身发麻，一下就失去知觉了。

我看了看身边的鱼缸，鱼缸下方的铭牌上赫然写着“电鳗”。原来，鱼缸中饲养的是一种会放电的鳗鱼，小游客伸手触摸鱼缸中的水时，电鳗受到了惊吓，以为自己受到了攻击，这才放出了电，把小游客电麻了。

那么，电鳗为什么会放电呢？这是因为，电鳗身上存在一种特殊的放电细胞，当它们看到猎物或者受到威胁的时候，电鳗的脑神经会刺激放电细胞放电。要知道，电鳗身上叠加了几千枚放电细胞，它们叠加在一起，就变成了一个可以释放出巨大电流的大电池。如果电鳗“用尽全力”放电，足以将一个成年人电死。

会放电的鱼不止电鳗一种。生活在太平洋和大西洋中的“电鳐”、生活在非洲的“电鲶”，都是会放电的“水中杀手”。

那么，是不是只有这三种鱼身上带电呢？答案是否定的。在自然界中，电无处不在，所有生命内部都存在电流，这种电流叫作“生物电”。

比如，人的心脏无时无刻不在跳动，这种跳动就和生物电有关。早在19世纪，一名法国科学家发现人的心脏中存在电流，几十年后，医生们通过记录这种电流的变化来判断心脏是否健康，这就是“心电图”的由来。植物也是如此。受到外界环境刺激时，植物体内的电信号也会发生微弱的变化。通过监测植物电信号，既可以掌握植物自身的健康状况，也可以推测出自然环境的变化。可以说，电不仅是我们生活中的伙伴，更是地球生命中不可或缺的“动力”。

话虽如此，我们对于“电”还是要保持必要的敬畏之心，才能和它和谐相处。

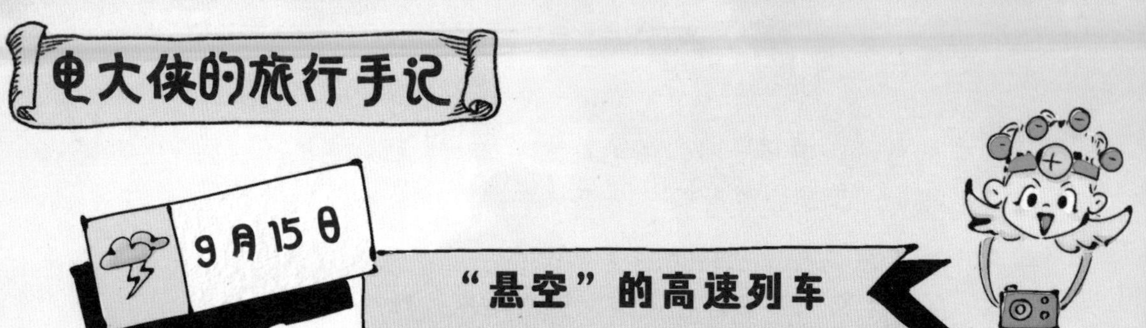

今天，我带着磁妹妹来到了一家交通工具博物馆参观。从马车到汽车、从滑翔机到大客机，琳琅满目的交通工具是时代和社会进步的见证，也是物理学发展的见证。

走到高速列车展厅，磁妹妹一下就注意到了磁悬浮列车展区，两眼盯着磁悬浮列车模型不肯移开。观察了一会儿，磁妹妹忽然注意到一件事情：磁悬浮列车的车轮到哪儿去了？

和普通列车不同，磁悬浮列车是“悬浮”着前进的。普通列车的车轮和轨道接触时会产生摩擦力，这种摩擦力会降低列车运行的速度。可磁悬浮列车不一样，在轨道上，磁悬浮列车就像一只灵巧的、贴地飞行的燕子，没有了摩擦力的阻碍，磁悬浮列车的速度可以比普通高铁快出一倍左右呢。

那么，磁悬浮列车是如何“飞”起来的呢？

这就要从电磁感应说起了。我们都知道，电可以生磁，磁也可以生电，磁悬浮列车正是利用了磁场的“同性相斥、异性相吸”的特性将列车托起，使它“飘”在轨道上。同时，磁悬浮列车依靠电磁力直接驱动电动机运动，把电能转化为列车前进的动能，推动列车前行。

听了我的讲解，磁妹妹说什么都不想在博物馆继续参观了，非要亲自乘坐一下磁悬浮列车过过瘾。没办法，我只好带她来到了车站，开启了“磁悬浮之旅”。

列车冲出站台，磁妹妹好奇的目光不断打量着车厢的环境。打量了一阵，她又开始向我发问：为什么车厢里这么安静？是不是因为周围装了吸音海绵？

磁妹妹就是这么聪明，一下就认识到了磁悬浮列车的一个最明显的特点。由于没有轮、轨之间的接触，磁悬浮列车不会产生“轰隆隆”的响声，旅行全程都可以安安静静地享受美食和美景。另外，由于不需要钢轨、车轮、接触导线等零部件，磁悬浮列车还可以省下一大笔维修费用。不得不说，磁悬浮列车确实是既实惠又高效的交通工具。

时速 600 千米的磁悬浮列车，一眨眼的工夫就把我们带到了目的地。磁妹妹恋恋不舍地走出了车厢，缠着我向她保证，以后一定要再来坐一次。我想，等我们下次来的时候，这里说不定还会出现更快、更好的交通方式呢！

什么是静电释放器？

静电是生活中常见的一种现象。生活中的静电没有什么负面影响，可是在特定场景中，静电也会变成一个可怕的“杀手”，给人们的生命财产安全带来极大的危害。

比如，在一些制作烟花爆竹的工厂、在开采油气的井田中、在城市的加油站中，一丁点火星就会引发火灾和爆炸，因此，如何让人体和静电火花彻底隔绝开，就是一个不可避免的问题。这时候，静电释放器就派上用场了。静电释放器也叫静电中和器，是消除或减少电荷的装置，它的工作原理是释放一部分正电荷和负电荷，通过手指的触摸，和人体携带的正电荷、负电荷进行中和，然后传导到地面，这样，静电就悄无声息地离开了。没有了静电火花，也就不会出现危险事故了。

避雷针为什么是“针”而不是其他形状？

高层建筑物上高高竖立的避雷针可以把雷电引入地下，使建筑物免遭损毁的危害。那么，为什么避雷针都是“针”的形状，而不是其他形状呢？

当带电的雷雨云接近建筑物时，云层下方出现大量负电荷，由于“同性相斥、异性相吸”的原理，地面和建筑物上方就聚集了大量的正电荷。越尖锐的位置，正电荷的密度（单位面积的电荷量）越大，周围的电场强度也就越大。这样，云层中的负电荷就被吸引了下来，与尖端上的正电荷中和，这种现象就叫作尖端放电。所以，将尖锐的金属棒安装在建筑物的顶端，更有利于吸引雷电，这就是“避雷针”这个名称的来源。

什么是超导体？

我们都知道，当电流通过导体的时候，会受到电阻的“阻碍”。如果电阻过大，通过导体的电流就会变小，还会释放出一定的热量。电阻是对电流的一种消耗，会影响电流的使用效率。所以，寻找一种完全没有电阻的导体，就成了科学家们的目标。经过大家的不懈努力，“超导体”就出现在我们眼前了。

顾名思义，超导体是一种“超级导体”，比普通的导体拥有更强的“本领”。超导体是一种在低温状态下呈现出电阻为零的性质的材料。目前，科学家们合成出了铜氧超导体、铁基超导体、硼化镁超导体等材料，利用这些材料导电，可以不产生热量、毫无损耗地传输电能。不仅如此，超导体还具有“完全抗磁性”，也就是说，通过超导体的电流不会产生磁场，也就不会对周围的机械产生影响。利用超导体“零电阻”“完全抗磁性”两个特点，科学家们发明出了世界上最快的超导磁悬浮列车和用于医疗检查的超导核磁共振仪。

目前，超导体的应用已经越来越广泛，相信我们很快就能在生活中的各个领域见到它了。

米莱童书

米莱童书是由国内多位资深童书编辑、插画家组成的原创童书研发平台。旗下作品曾获得 2019 年度“中国好书”，2019、2020 年度“桂冠童书”等荣誉；创作内容多次入选“原动力”中国原创动漫出版扶持计划。作为中国新闻出版业科技与标准重点实验室（跨领域综合方向）授牌的中国青少年科普内容研发与推广基地，米莱童书一贯致力于对传统童书进行内容与形式的升级迭代，开发一流原创童书作品，适应当代中国家庭更高的阅读与学习需求。

致 谢： 感谢刘树勇、白欣二位老师编著的《中国古代物理学史》（首都师范大学出版社），为我们展现了一个清晰、科学的古代学术世界。

策 划 人： 刘润东　魏诺

原创编辑： 王曼卿　王佩　张秀婷

漫画绘制： Studio Yufo

专业审稿： 北京市赵登禹学校物理教师　张雪娣

装帧设计： 张立佳　刘雅宁

接下来还会有什么
好玩的故事呢？